卷首语

城市，作为各人类群体的组团与聚集地，经由千百年历史的洗礼，如今仍然鲜活而生机盎然，城市的话题包容性之广是无需赘言的。诚然，对于城市发展历史的枯燥考据已没有甚大的吸引力，相比而言，我们更关注的是近代城市化运动，它直接带动了现代社会学的兴起，关于城市的探讨开始真正地与社会公众的生活紧密地联系在一起。城市、社会、居民三位一体的模式提供了诸多研究的方向与可能性，城市也不再是钢筋铁骨所筑造的物质形态与区域壁垒，在出纳吐息之间，俨然日益成为活生生的血肉之躯。这种内涵扩张所造成的影响投射到近现代生活的方方面面，触脚延伸至今，并仍将持续下去。

"城市再生"话题的萌生，正是基于以上关乎城市发展的思考。"再生"必定以"生"为本，利用该生物学中的常见术语来喻意我们的城市，无疑是将城市定义为根脉搏动的有机生命体。不过不同的是，生物学的"再生"往往体现为个体或族群的特质属性，与生俱来，其时间、形式与结果均无疑会达到可预期的理想程度；而城市的"再生"则需要其他因素——即居者的推促与辅助。因此，在这一过程中，何时，以何种手段，能够在不切断自身基因信息链的前提下，完成各生理结构的完善重组，同时延续本身区别他者的异质特征，便成为一系列亟待探索的问题，也是其彰显复杂与挑战的根本原因。

《住区》本期所确立的"城市再生"主题，即意欲引发大家对于这一话题的思考。其舆论主要来自2007年终所召开的两次颇具规模的活动。其一是12月8日于深圳华侨城OCT创意园北区开幕的"07深圳·香港城市\建筑双城双年展"，其二是12月15日于深圳市会展中心6号馆举行的第二届中国城市建设开发博览会主题论坛——中国城市设计与城市再生论坛。两者的举办地均在深圳，方便了我们以亲历者的身份向读者献上丰富翔实的内容。通过精心策划的笔谈会、细致遴选的演讲文字及现场图片，我们力争向大家忠实还原2007年尘埃落定前建筑界值得瞩目的重要事件。对于尚无定论的问题而言，只要确保态度端正与言论真实，无论冲突抑或附和，都预示着我们将在求索中走得更深更远。

另外，鉴于收集到的编委与读者的意见和主张，我们经过商议，从本期《住区》开始，增加一个全新的栏目——"大学生住宅论文"，为有志于在建筑界内住宅设计研究领域谋求发展的广大在校学生提供施展学识与才华，挥洒豪情与睿智的广阔空间。同时辅之以相关竞赛，分别对论文与设计作品进行评选，并充分利用自身具有的条件与优势，对获奖作品进行集结出版。随着该单元的推行，我们相信，其不仅会促进全国各院校优势资源的整合，培育与完善从业者的梯队建设，更会对我国构建合理、高效、优质的住宅发展平台产生深远裨益。

最后，作为新年的第一期刊物，我们不能免俗地要对广大的读者道声"新年快乐"——据一些调查所示，其已经全面超越"为什么"，而成为近一段时间来最常被挂在嘴边的一句话。各行各业都在以自己的方式为新年道贺，而我们的方式则是提供了一个值得思忖的热点问题。希望大家揣着一份对生存环境的体察与责任，步入崭新的一年。而《住区》在跋涉前行的道路上，将依然有赖于大家的陪伴、护佑与扶持！

总第29期 01/2008

住区
DESIGN COMMUNITY

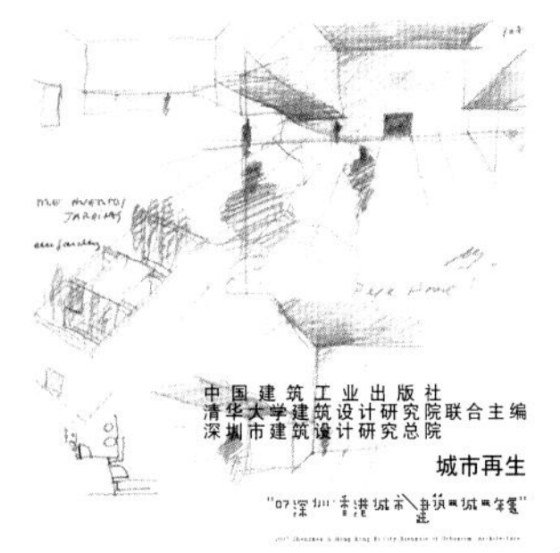

图书在版编目（CIP）数据
住区.2008年.第1期/《住区》编委会编.
-北京：中国建筑工业出版社，2008
ISBN 978-7-112-09347-2
Ⅰ.住... Ⅱ.住... Ⅲ.住宅-建筑设计-世界
Ⅳ.TU241
中国版本图书馆CIP数据核字（2008）第011013号

开本：965X1270毫米1/16　印张：7 1/2
2008年2月第一版　2008年2月第一次印刷
定价：36.00元
ISBN 978-7-112-09347-2
(16011)
中国建筑工业出版社出版、发行（北京西郊百万庄）
新华书店经销

利丰雅高印刷（深圳）有限公司制版
利丰雅高印刷（深圳）有限公司印刷
本社网址：http://www.cabp.com.cn
网上书店：http://www.china-building.com.cn

目录

特别策划 Special Topic

05p. 建筑师的再生 — 孙振华
The rebirth of architect — *Sun Zhenhua*

06p. "城市再生"的意义、方式与能量来源 — 刘宇扬
The meaning, mode and energy-source of "urban regeneration" — *Liu Yuyang*

07p. 方生即死——一个新城设计中难以言说的话题 — 吴文媛
Death Right After Birth—An elusive topic in new town design — *Wu Wenyuan*

08p. 城市·森林·再生 — 龚维敏
City•Forest•Regeneration — *Gong Weimin*

10p. 回想起中国建筑展览的历程 — 王明贤
Retrospect on the architectural exhibitions in China's history — *Wang Mingxian*

11p. 建筑师需要一种清楚的世界观 — 王　澍
The architect profession calls for a distinct worldview — *Wang Shu*

12p. 07深圳·香港城市\建筑双城双年展参展作品拾珍 — 《住区》
Selected works from "2007 Hong Kong & Shenzhen Bi-City Biennale of Urbanism\Architecture" — *Community Design*

主题报道 Theme Report

27p. 中国城市设计与城市再生论坛
Forum of China Urban Design and Urban Regeneration

30p. 城市更新与创意产业的发展 — 李道增 罗　彦
Urban regeneration and the development of creative industry — *Li Daozeng and Luo Yan*

34p. 城市的再生与真实的建筑 — 饶小军
The resurgence of city and the actuality of architecture — *Rao Xiaojun*

37p. JD模式开创可持续发展的第三代宜居城市 — 董国良
The third generation livable city developed under JD principles — *Dong Guoliang*

40p. 城市的革命化思考 — 《住区》整理
Revolutionary thinkings on city — *Community Design*

42p. 和合共赢
——深圳宝安上合村旧改项目规划设计 — 吴　卫
Harmonious cooperation creates win-win results
Renewal of Shanghe Village in Bao An, Shenzhen — *Wu Wei*

46p. 世界城市的空间重构趋势 — 赵云伟
Spatial rearrangement in global cities — *Zhao Yunwei*

设计竞赛 Design Competition

49p. 第二届可持续住宅国际建筑设计大赛
The Second International Architectural Design Competition on Sustainable Housing

住区

COMMUNITY DESIGN

CONTENTS

50p. 获胜方案：农业生态住宅 — Knafo Klimor Architects
Winner: Rural ecological housing

54p. 入围方案一：交错居住 — 清华大学建筑学院
Nominee No. 1: Interwoven residence — *School of Architecture, Tsinghua University*

58p. 入围方案二：空中花园 — Atenastudio city Forster
Nominee No. 2: Air garden

60p. 入围方案三：适宜居住的住宅设计方案 — 中国建筑西南设计研究院
Nominee No. 3: Livable housing project — *CSWADI*

63p. 入围方案四：湛蓝色的武汉 — Anderson Anderson
Nominee No 4: Azure Wuhan

66p. 入围方案五：三级变化的住宅 — NArchitects
Nominee No. 5: Three-level adjustable housing

大学生住宅论文 Papers of University Students

73p. 大型住区周边道路及内部交通问题研究 — 何仲禹 马 荻 蔡 俊
Study on the inside and surrounding traffic systems of large-scale residential areas — *He Zhongyu, Ma Di and Cai Jun*

80p. 90m²小户型政策对住宅设计的影响 — 梁多林 谭 求 王富青
Influences to House Design by "90m² Small House" Policies — *Liang Duolin, Tan Qiu and Wang Fuqing*

海外视野 Overseas viewpoin

38p. 我的建筑四要素 — 阿尔伯特·坎波·巴埃萨
Four elements of my architecture — *Alberto Campo Baeza*

社会住宅 Social Housing

108p. 政府与社会住宅发展导向
——以北欧为例 — 董 卫
Social housing direction and the role of government in Nordic countries — *Dong Wei*

绿色住区 Green Community

114p. 德国可持续发展项目的未来进程 — 皮特·塞勒
The future path of sustainable projects in Germany — *Peter Sailer*

资讯 News

69p. 城脉设计加盟美国AECOM集团
——综合甲级建筑工程设计企业成长之巅峰跨越
City mark joins AECOM
The peak on the growth of A-level design enterprise

封面：葛雷洛住宅构思草图

特别策划

Special Topic

" 2007 Shenzhen & Hong Kong Bi-City Biennale of Urbanism\Architecture "

- 孙振华：建筑师的再生
  Sun Zhenhua:The rebirth of architect
- 刘宇扬："城市再生"的意义、方式与能量来源
  Liu Yuyang:The meaning, mode and energy-source of "urban regeneration"
- 吴文媛：方生即死——一个新城设计中难以言说的话题
  Wu Wenyuan:Death Right After Birta-An elusive topic in new town design
- 龚维敏：城市·森林·再生
  Gong Weimin:City • Forest • Regeneration
- 王明贤：回想起中国建筑展览的历程
  Wang Mingxian:Retrospect on the architectural exhibitions in China' s history
- 王　澍：建筑师需要一种清楚的世界观
  Wang Shu:The architect profession calls for a distinct worldview
- 《住区》：07深圳·香港城市\建筑双城双年展参展作品拾珍
  Community Design:Selected works from "2007 Hong Kong & Shenzhen Bi-City Biennale of Urbanism\Architecture"

建筑师的再生

The rebirth of architect

孙振华 深圳雕塑院院长
深港城市建筑双城双年展学术委员会副主任

就我所知，本届深港双城双年展主题的“城市再生”至少有如下歧义：其一，单看字面，“再生”，就是不断地拆旧房子，盖新房子，不断地更新房子；其二，还有很多建筑师认为“城市再生”这个问题是指，一个城市老化了、衰败了，如何让它重获生机。这个问题的确是后工业社会的普遍问题，但不是“城市再生”所要解决的问题。

关于“城市再生”的最大的争议来自建筑师内部。

建筑师为什么总是只从有限的建筑学的角度来理解“城市再生”呢？所以，“城市再生”的关键，需要城市的规划师、建筑师的再生，是他们观念的再生。

多少年来，建筑师的工作已经程式化了，许多建筑师不关心形而上的问题，不关心根本性的理论问题，他们更愿意关心美学，关心技术，关心建筑学本身。

要我看，马清运提出的“城市再生”其出发点是反建筑学的，当然是现有的建筑学。它根本就不是在建筑学的逻辑框架下讨论问题；而我们的建筑师呢，则以建筑学的逻辑去回应，两条轨道，互不交汇，基本上是各说各的。

“城市再生”是一个革命性的，颠覆性的关于城市的理论，从本质上讲，马清运是“反建筑”，不强调永恒，不强调建筑审美，他把功能、环保、可持续放在第一位。在马清运看来，观念变了，技术手段，建筑学的传统根基也应该变。

可这种改变谈何容易！

所谓“城市再生”讨论的不是讨论如何拆房子、盖房子；如何新陈代谢等问题，这些都只是战术问题、技术问题、策略问题。“城市再生”讨论的是根本性的城市哲学问题，简单地说，它讨论一个城市的生命周期，也就是一个城市生与死的问题。面对着死，这个城市的必然宿命，我们今天如何生？是这么一个问题。

建筑师思考城市的时候，是从自己专业出发的，每盖一栋房子，都假想它是有意义，有价值，都应该是流传久远的。可是在人类历史上，的确有大量废弃了的城市，消失了的城市。所以，从建筑学专业出发，不能解决城市生和死的问题。

就像流行歌曲唱的那样，“一朵花儿开，就有一朵花儿败”，城市的规划师、建筑师如何保证你眼前所规划的城市能够维系百年、千年的繁荣呢？你如何保证你规划的城市能够永葆青春而不会衰败呢？

从技术、专业的角度，解决不了这个问题，我们只能从城市哲学的角度对待这个问题，我们只能从博弈的角度，对城市发展的根本策略进行选择。

对于那些已经衰老，已经死亡或者正在死亡的城市，建筑学本身的办法，就是整旧如旧，把它们以原样尽量保护起来，当成历史标本，当作旅游资源。

这个问题放大来看，是不可行的。因为地球的土地、环境的资源是有限的，人类不可能无休止地保留旧城，建造新城。

建筑师一个劲地建造城市，当这个城市老了，没有活力了，又瞄准另一个新城，重新开始新一轮的“书写”。

所以，不光老城市有“过期”、“再生”的问题，就是像深圳这样的新城市同样也有“再生”的问题。这是将问题前置，在规划之初，就要充分考虑它的可持续发展。一个城市如果图一时痛快，一个劲往死里造，不计后果，不留余地，拼速度，拼规模，它的生命势必是短暂的。就像一个小孩，天天给他打激素，吃营养品，让他提前发育，提前成熟，将来等待他的，也一定是早早衰老的结局。

面对这些问题，“城市再生”提供了一种新的价值观，这是一种“波希米亚”式的城市理想。既然城市必死，站在“城市再生”的立场，应该让这一天晚一点到来，应该尽最大的可能来延长城市的生命。于是，城市规划、建筑需要“再生”出一套新的原则和方法。例如，城市建筑不必追求永久性；建筑的宏伟、美丽应该让位于它的实际功效；建筑材料应该充分环保、可回收，可再利用；建筑用地和能耗应该最低，或者可循环，今天是工厂，明天是农田；建筑甚至可以像蒙古包，可拆卸的，卷一卷，就让汽车给拉走了。

从这个意义上看，“城市再生”是对城市规划和建筑学的反思。它是一种逆向思维，它给我们一种新的城市哲学的出发点。而过去几百年来，在建筑学院形成的那一套建筑学的思维，企图仅仅从技术的角度改变城市空间状态的办法似乎已经无法面对今天的问题了。传统的建筑形态学、建筑结构学、建筑材料学、建筑美学似乎无法解决人类未来所面临的紧迫的问题。

建筑师需要一种知识转型，改变过去的知识形态，从新的立场和立足点重新审视我们的城市。这就是我所理解的城市再生的问题。

“城市再生”的意义、方式与能量来源

The meaning, mode and energy-source of “urban regeneration”

刘宇扬 建筑事务所主持建筑师，
深港双城双年展协同策展人

在柯布西耶的年代，西方的现代主义城市曾大力倡导拆除旧城再建新城。但到了后来大家觉得新盖的还不如旧的好，就出了所谓Team X运动，开始强调保护旧城或至少是旧城的空间尺度。但这种保护到了当代亚洲快速发展城市中，又变调成为一个个“迪斯尼”式的商业项目：要不就是木乃伊式的把老建筑圈起来供着，要不就是把原来的拆了，干脆复制一个一模一样的。当然在中国所见到更多的是城市历史和建筑的脉络完全被切断。这些都不是我们认为可行的城市状态，在2007深圳·香港城市\建筑双城双年展提出“城市再生”的概念，就是要尝试跳出“拆除—重建”和“保护”这种二元对立的城市策略。

“城市再生”代表的是一种非线性的跳跃思考，同时又是务实的折衷主义。“城市再生”在英文里包含有过期的意义，我觉得这点很有意思。任何新鲜的东西：蔬菜、水果、牛奶都有保鲜期，也都会过期。我们必须正视城市也会过期这一事实，才能发现令其“再生”的可能和方式。这包括在设计一栋新建筑物时，就要考虑它的使用年限和周期。这可以是结构或材料上的创新手段，也可以是建筑与街道空间的关系重整。如果再放大到整个城市的尺度，那就是在规划上，除了用传统和静态的方式区分各个地块的功能、容积率等，我们可以用一个更动态，更带有时效性的方式来界定城市区块或建筑的属性。

这里我想稍微提一下本次双年展我个人参与的几个项目，其中《台湾海峡地图志》和《厦门气候变迁手册》是与英国伦敦城市大学、香港中文大学、台湾东海大学及厦门大学建筑系共同进行中的一项有关海峡两岸城市气候变化和城市化议题的研究型项目。据我们所知，这是第一次把台海地区作为一个超大型城市区域来研究的项目，而跳越出了以往面对这个地方的政治敏感问题。不过，也恰恰是这种地缘政治因素带来的敏感性，启发我们不能以既往的规划方式来解决一些跨区域的城市议题，这其中包括了气候变迁、人口变迁和产业变迁的问题。

这项研究的主持人之一，来自伦敦的扰物·邦修顿教授所提出的就是一个叫做“动态规划”(Dynamic Masterplan)的概念。他曾经在荷兰、丹麦、日本等地做过一个叫“场景游戏”的工作坊，2007年初他带着厦大的同学在厦门也做了这个工作坊。2007年底我们在深圳双年展的主展场，联合了香港中文大学、台湾东海大学及厦门大学的师生，更关键的是结合了来双年展参观的深圳市民，成功地把这个概念利用双年展的平台，推向深圳市民及领导。“动态规划”在“场景游戏”中最大的特质，就是每个参与的人都是一个主体。不论市民、市长、规划官员或开发商，都必须和其他方扮演角色互换，借此了解相互的需求，并通过这种动态的博弈关系，提出一些假想的规划方案。这种规划方案的演进，有别于传统的从专业角度或被某些利益团体把持的规划方式，是一种融合专业和非专业人士（其实大部分的人都是非专业）追求共识的规划方式。它又和一些所谓公众参与，但其实是各说各话，到最后只能服从权力的机制有所不同。我想这对于重新平衡现有制度下的一些不理想或不公平的现象，提出了一条可行的路。有趣的是，城市议题里这种“牵一发动全身”所带来的混乱关系也恰恰是“动态规划”的基本能量来源。

当一些非娱乐性的城市议题(包括环境、建筑、民生等)能用所有专业和非专业(包括艺术、媒体、事件等)手段放送到城市居民的讨论范畴时，就可能是大多数人开始关注这些议题并付诸行动的时候。我想双年展希望做到的也就是这一点。

方生即死

——一个新城设计中难以言说的话题

Death Right After Birth—An elusive topic in new town design

吴文媛 深圳市雅克兰德设计有限公司总经理

《住区》编辑部给出一个命题作文，要谈谈城市再生。就城市规划学来说，这不算是什么新鲜的话题，但凡规划师的经历里都可以举出一、二个例子说些什么。但是上次见到马清运先生，才明白这次是要从城市的生命周期说起，也就是要由"死"说到"生"，所谓City of expiration and regeneration，这便不由得让我惶恐了。

记得有位诗人写道："上海是我最初和永远的城市。我生于斯，长于斯，由此出发走向各处又回到这里……"这足以形容我们大多数人关于城市的认知——如果城市是个有机体，它的新陈代谢每时每日都在发生，而我们不可避免地参与其中。准确点儿说是参与其中一个极小的章节。对于一个生命周期(如果可以这样形容的话)远长于我们的既有存在，不知道我们是否有足够的知识支撑去讨论她的死。在中国忌谈生死的文化大背景下，规划师如何能够慨然议定城市的死期？我曾问过一个朋友："什么样的关系，你可以客观、坦然地讨论另一个生命的死期？"他茫然很久，说："必是他的死与我没多大关系吧！"到底有多久了，我们的规划师与城市之间的彼此关注淡过邻里？以至于在各路媒体大肆报导各处"钉子户"、"城中村"的时候，我们的兴趣、心境和表情都一如周遭的人群，城市的整体衰竭或是机体局部坏死都不能打动我们了，相反，那可能正意味着一个崭新建设的开始。我们正为"天天都在变"的口号兴奋着，因为我们竟然可以决定和影响城市的"生"。

这是百年不遇的机会，20多年来(特别是最近几年)，中国的城市化进程轰轰烈烈。按照樊钢先生的描述："中国的城市化率在今后每年只要提高1个百分点，就意味着在未来47年内规划师都不会失业"，因为这意味着未来近50年里，每年有1400万人要在城市住下，也就是相当于每年新增7个200万人口的城市！

我们的规划师每年都经手若干几万到几十万人的新城区设计，是世界上最有经验的新城设计人群！

写到这里，正好翻开斯皮罗·科斯托夫《城市的形成》，绪论里的一段话让人触目惊心——"城市授命而建……有明确的目的……无论是来自神的指引也好，或者只是出于投机的愿望，城市最初的模式将会枯竭甚至死亡，除非人们能够在这种模式下逐渐培育出一种特别的，能够自我维持并且能够克服逆境和命运转折的生活方式。"

完成一个规划，我们可以给城市一个"生"的模式，但这竟不能成为它"生"下去的理由。2005年我参与一个咨询，是关于一个由良好愿望和大量资金初步投入建设的新城中心，至今冷冷清清，草比人高，政府希望通过公共经济营造一个城市中心的愿望并未实现。报告的题目是《新城区再开发》，这是个让人苦笑的主题，比照墨迹未干的新城鸟瞰图，你会突然意识到这个城市方生即死。是因为在她生的开始，透过设计师的手埋下了基因状态的病症。每次谈到生命体，脑子里总是浮现出染色体无比精细复杂的排列组合，以及核糖核酸变化旋转的排列画面，能够把生命解构明白得让人敬佩。

如果真的将城市看作一个生命体，不免让人觉得每一次规划用地平衡表上所列的那几项真是拿不出手，而那些概念化的道路骨架和按色块区分的功能分区真能代表我们对生命复杂性的认识和承诺吗？看看我们的新城市吧，即使是青岛这样美丽的滨海城市，走在簇新的崂山区，依然感觉这不是城市，最多只是个放大了的缺少真正生活内容的居住区而已，而这样的"城市新区"，正透过有经验的规划师，大量地复制出现。在成都、杭州……像恐怖片里那个巨大而缺少筋骨的棉花糖巨人……

马清运在论坛上慷慨激昂："设计师不必要期许任何永恒，在一个城市建设的开始，你可以讨论她的死……"我当时大笑，慨然允诺聊聊城市再生这个话题。然而过后的思考让我陷入一个又一个悖论。在把决策城市之死的荣耀硬塞到我们手里之后，让我产生了望向城市初生时作为设计师的惶恐和犯罪感。透过高产快产的设计，我们的城市由生到死的距离如此之短！全然不像万斯所说："城市最持久的东西是它的物质体，城市物质体有着不同寻常的耐久性……"现在想来，马先生当时的表情竟有些阴险了。

中国的城市化正在如火如荼地进行着，城市再生的话题之外，我们对新城市规划设计的警醒与检讨可能更充满思辩与痛心。

城市·森林·再生

City • Forest • Regeneration

龚维敏 深圳大学建筑与城规学院建筑系主任

07深圳·香港城市/建筑双城双年展吸引力、影响力都更强。在两个相邻而又分属不同社会制度的城市的联合、互动中，产生了更新的体验。双城展的两个展场间形成了引力场，使"观展"与"观城"结合为一个整体过程。本次双城展的"城市串门"、"游击论坛"（guerilla forum）是很有意思的策划，展览的意义能够超越展场的限制，成为跨地域的文化事件。

深圳作为"特区"的示范意义已不如80、90年代时明显，但仍然是现代化意义上最为发达的国内城市之一。在领先的经济水平、较高城市文明水准的基础上，作为新兴的移民城市，深圳具有更为国际化的视野和创造潜力，仍然是国内最有条件产生新思维、尝试新方法、产生新事物的城市之一。

香港的地位是独特的。社会制度不同，城市营造的各个方面（相对内地城市）差异明显。成为国际化大城市仍然是内地城市的努力目标，而香港已经是一个成熟的国际都市。长期的中、外文化碰撞与共生，在香港已形成了某种特有的城市文化品质。香港在许多有关当今城市、建筑的重要课题（城市开发、管理、生态环境、高密度居住，建造技术，国际化与本土化等）对内地城市都有直接的参考价值。

任何生命体都有其特定的生命周期。城市犹如生物体一般，经历着"出生、发育、发展、衰落"的过程。但城市又不同于简单意义的个体生命，它不只有"一次生命"，往往可以获得"再生"。这也许可以类比森林，老树消亡、新树生长，交织形成了更新与再生的过程。通过自然的或人工的方式，森林的生命得到了"更新"，从而"再生"并长久存在。

城市作为人类聚居的形式已有5000多年历史（真正意义上的现代城市还不到300年）。有的城市在历史中消失了，也有的存在了数千年（如大马士革、苏州），跨越了文明的不同阶段。城市在持续的更新中维持着"生"的力量，经历"过期"——"更新"——"再生"的过程而持续地存在。

双年展的"过期、再生"讨论以有力的方式对传统的规划思想做出挑战。尽管"生命周期"的理论还不至于彻底颠覆"永久之城"的传统观念，但应该成为更具有实践意义的视角和思考方法的一种。"速生城市"、"普通城市"已经是当今城市发展的现实现象，城市的生命和宿命是多样的。

深圳、香港处于不同的发展阶段，"更新"的意义、力度不尽相同，但都不可避免地处于城市更新的过程中。深圳虽然年轻，但20多年的"发展"也伴随着更新的过程。如目前正在进行的全方位的轨道交通建设，就涉及对现有环境（道路、建筑）的改造与更新。又如大量的"城中村"，虽然存在只有20多年的历史，却也面临着更新、改造。这也说明了城市发展的过程性和阶段性，对未来的预测和判断不可能是全面而准确的，所以修正与更新是必然的，为未来留有余地也是必要的。

城市包含着复杂丰富的内容，相应而言，城市更新也如此。有几个相对重要的方面：

物质层面——城市由物质实体构成，而物质总是会

“消耗” 及“过期”的。不同物质的生命周期不同，更新的时间不同，因而城市物质层面的更新是一个交叉、持续的过程。

功效层面——城市容纳了政治、经济、文化等活动，由多种要素集约而成。在内力、外力作用下，各要素总是处于流动、重组的状态中。城市生活不是静止的，功能也总是持续更新的。

文化层面——所有城市都有精神追求，城市必然反映时代精神(zeitgeist)。黑格尔提出“时代精神是每一个时代特有的普遍精神实质，是一种超脱个人的共同的集体意识”。城市显然具有这一集体特质。时代的更迭，精神意义的更新也是必然。

制度层面——城市容纳了政治、法律、行政等制度要素，社会的进步必然推进制度的革新，城市中制度也必然需要“与时俱进”。

四者紧密相联，何谓重点？因城市的特点而异。通常意义上，前两者更为基本。但是，文化与制度往往又在最终起了决定作用。

“更新(renewal)”、“再生(Regeneration)”都包含了与现存事物的直接关系。“更新”是对“现存”或“已有”的更新，是对既有的条件、状态的回应。用“更新”这个词所描述的营造行为是在某种限制条件下发生的。现有的事物是更新的基础，因此也不存在“广域、无限制”。

“拆除、重建”不可否认是一种有效的方式，但“改造”则是一种更为人性、智慧的方法。以“改”为主导思想，有许多方式方法，如“局部改造”、“内改外留”、“改拆结合”、“样改形不改”……通常来说，建筑的物质寿命(现在法定为50到70年)与其容纳的功能常常是不同步的。通过“改”来适应“变”合乎经济，理性的要求。深圳华强北地区从工业区改成商业区，是个成功的例子。另外，相比“新建”，“改”的方法使“新”与“旧”产生“化学反应”，有可能产生更为特质的审美体验。如北京的798、上海的新天地、深圳的OCT LOFT等。

现代城市的“再生”过程应该是有计划、受控制，从局部开始，逐步展开的系统工程。一定程度上的“乱”是可能的，但也是应该可控制的。“城市再生”本身不是一种与现有状态激烈地对抗，它强调一种有机地、有序地建造、改造，是和城市发展的阶段性联系存在的。目前中国城镇建设的确有大量的混乱状况存在，这是城市在发展初期阶段不可避免的。城市需要完善的制度及有效的公共权力机构来掌控“再生”的过程。

大多数城市建筑都具有公共性，它是集合体中的一员，是公共空间的背景。它的变化具有公共意义。建筑交替更迭的频繁程度是个相对概念，相对于不同的性质建筑(大规模、大尺度、投入巨大资源的、一般意义的、临时过渡的)衡量的时间尺度各不相同。“频繁”更迭大概的指标是指被更换的时间明显小于建筑的物质寿命，这不合乎普适的逻辑。其一，建筑的物质寿命的减短，常常意味着对资源的浪费。其二，建筑的品质需经时间的打造，通常意义上，建筑环境在5～10年后才真正“长熟”，并在其后很长的时间中维持其最好的状态。其三，建筑是城市记忆的重要元素，而维持这种记忆是人性的基本要求。米兰・昆德拉言“快的程度与遗忘的强度直接成正比”(《慢》)，频繁的变化，意味着记忆的丧失。

目前的规划建设面对的问题是复杂多样的，需要不同的态度和方式去面对及回应。对于已发展的城市，文脉的保持和延续仍然是城市更新过程中不可忽视的重要方面。目前及未来20年中国面临着快速城市化的问题，将会产生大量的“速生城市”环境。“快速建造”，“快速生成”，“易改、易换”等模式应是这个进程中规划、建造的主要策略。

在广泛的“城市再生”背景中，人们渴求经典与永恒的城市。“经典”指向作品的自身完善程度及其文化价值的持久性，并不局限于实体存在的持久性（或永恒性）。18世纪的法国建筑师布雷（Boullee）的设计大都未真正建造，但这些作品至今仍在出版，并被广泛讨论，仍可视为经典。经典作品也是特定时代条件下的创造物，具有不可超越的价值，每个时代背景都必然会产生新的思想及新的创造，这当中总会有新的经典。而持久性（或永恒性），是否仍应成为当今城市规划与建筑设计的目标追求？就是这层意义而言，长期以来建筑设计的“经典情结”作为一种普遍态度已不再符合时代精神。在多文化、大众化的时代背景下，“普通性”、“短时性”更有现实意义，“平常心”可能是更积极的工作态度。另外也应当看到，追求“经典”与“永恒”是人类从未放弃的梦想，也仍将是社会发展的动力。

回想起中国建筑展览的历程

Retrospect on the architectural exhibitions in China's history

王明贤　中国艺术研究院建筑艺术研究所副所长

2007深圳·香港城市\建筑双城双年展于2007年12月8日在深圳开幕，观看了这次规模庞大的双年展，让人感慨万千，不禁回想起中国建筑展览的历程。1999年6月，中国青年建筑师实验作品展在北京展出，这是中国第一次实验建筑展，曾因种种原因从中国美术馆撤展，后在北京世界建筑师大会国际会议中心展出。我是展览策划人，张永和、赵冰、汤桦、王澍、刘家琨、董豫赣等建筑师的作品参展，表达出对当代城市和建筑的新体验。而2006年威尼斯双年展第10届国际建筑展中国馆的设立则使国际建筑界重新认识中国当代建筑艺术，也为在威尼斯双年展建立永久的国家馆奠定了好的开端。本届中国馆的总策划人是范迪安，我是策划人，我们在策划时充分考虑到中国传统文化资源在现代城市发展中的运用。和一般建筑展以图版模型展示作品方案的方式不同，建筑师王澍与艺术家许江对话产生的《瓦园》是在威尼斯城处女花园实地环境进行的一次现场营造，以体现中国本土建筑师与艺术家面对中国城市现状的一种自在的思想态度和工作方式，将让世界认识中国建筑如何面对当代，而不仅仅是展示现如今在中国建造的建筑。我觉得《瓦园》这个作品的意义，一是这些拆下来的旧瓦，本来是废物，现在用在新的建筑上，这个转化很有意思；其次瓦在中国建筑中是一个重要元素，但是现代建筑中用得很少，王澍是把瓦平铺成一个斜坡，和传统不一样，但是走上去又有那种比较矮的俯视角度，和传统中国画的角度一致。作为最大建筑工地的中国一直吸引着全世界的目光，但中国建筑师的身份却十分暧昧。威尼斯双年展国际建筑展上的作品一般都是以建筑方案为主，包括模型、效果图之类的展示，而《瓦园》是具有突破性的，它是个建筑，又超越了建筑，超越了城市，从建筑师与艺术家之间超越城市的对话这个特殊的角度去反映中国的建筑、中国的城市。《瓦园》是凝聚了中国建筑文化精神的构筑物，在威尼斯双年展国际建筑展上，它显得与众不同，同时也会引发人们的各种思考。它又是一种全新意识的园林，一处关于当代建筑文化的沉思与反省之地，构建起建筑师与艺术家的交流空间。登临其上的视野，根源于超越、沉思。作品以一种极具观念性的简练表达，构成一种现代人的心灵震撼。中国国家馆的作品《瓦园》在观念性和语言形态两方面都给国际建筑界以一些新的启示。

当然，今天有的"实验建筑师"已经变成纯粹的商业建筑师，设计的东西都是一个形式复制出来的。生存环境的改变对艺术家、建筑师的创作有很大影响。我觉得现在要继续实验，方向应该是对中国当下的各种城市问题进行探讨，提出建筑方面的解决方案。

建筑师需要一种清楚的世界观

The architect profession calls for a distinct worldview

王 澍 中国美术学院建筑学院院长

观看2007深圳·香港城市\建筑双城双年展，一边规模庞大，热闹嘈杂，一边闹中取静，简单清楚。但无论怎样，可以看出两种取向，一种是无历史的当代性，或者兴奋于城市，或者落地在乡村，只要直面当下；一种是历史性的当代性，在直面当下的同时，有回到本源的倾向。问题是类似的东西太多，浮在表面的东西太多，但立场或许有别，在中国建筑和西方建筑之间，在全球化和地方性之间寻找发言的位置几乎是无法回避的，在这个涉及世界观的基本问题上，王明贤说过一句让我记忆良深的话：中国一向缺乏具有超越气质的建筑师。在今天这个嘈杂世界，建筑师需要一种清楚的世界观，然后就有问题发问，就有方法随之而来，就有真正的差别产生，差别在今天是最重要的事情。

看来，一些似乎已被讨论无数遍的问题仍然需要讨论，建筑学需要持续不断的思辨激情。

把中国建筑的文化传统想象成和西方建筑文化传统完全不同的东西肯定是一种误解，在我看来，它们之间只是有一些细微的差别，但这种差别却可能是决定性的。在西方，建筑一直享有面对自然的独立地位，但在中国的文化传统里，建筑在山水自然中只是一种不可忽略的次要之物，换句话说，在中国文化里，自然曾经远比建筑重要，建筑更像是一种人造的自然物，人们不断地向自然学习，使人的生活回复到某种非常接近自然的状态，一直是中国的人文理想。这就决定了中国建筑在每一处自然地形中总是喜爱选择一种谦卑的姿态，整个建造体系关心的不是人间社会固定的永恒，而是追随自然的演变。这也可以说明为什么中国建筑一向自觉地选择自然材料，建造方式力图尽可能少地破坏自然。而在我特别喜爱的中国园林的建造中，这种思想发展到一种和自然之物心灵唱和的更复杂、更精致的状态。园林不仅是对自然的模仿，更是人们以建筑的方式，通过对自然法则的学习，经过内心智性和诗意的转化，主动与自然积极对话的半人工半自然之物。在中国的园林里，城市、建筑、自然和诗歌、绘画形成了一种不可分隔、难以分类并密集混合的综合状态。而在西方建筑文化传统里，自然和建筑总以简明的方式区别开来，自然让人喜爱，但也总是意味着危险。

在近代中国，由于西方在科学、经济以及社会制度上的强大影响，西方建筑在20世纪对中国经由直接或间接的方式产生了巨大的影响，它甚至导致了今天无论在城市还是在乡村，我们对是否还存在中国建筑产生了巨大的疑问。

之所以要探索一种中国本土的当代建筑，是因为我从不相信单一世界的存在，事实上，面对中国建筑传统全面崩溃的现实，我更关注的是，中国正在失去自己关于生活价值的自主判断。所以，我工作的范围，不仅在于新建筑的探索，更关注的是那个曾经充满了自然山水诗意的生活世界的重建。至于借鉴西方建筑，那是不可避免的，今天中国所有的建筑建造体系已经完全是西方方式，所面对的以城市化为核心的大量问题已经不是中国建筑传统可以自然消化的，例如，巨构建筑与高层建筑的建造，复杂的城市交通体系与基础设施的建造。不过，我的视野更加广阔与自由，例如，我会越过西方现代建筑，从内在形式上去借鉴西方文艺复兴时期的建筑。

我认为，今天这个世界，无论中国还是西方，都需要在世界观上进行批判和反省，否则，如果仅以现实为依据，我们对未来建筑学的发展只能抱悲观的看法。我相信，建筑学需要回复到一种自然演变的状态，我们已经经历了太多革命和突变了。无论中国还是西方，它们的建筑传统都曾经是生态的，而当今，超越意识形态，东西方之间最具普遍性的问题就是生态问题。建筑学需要重新向传统学习，不仅学习建筑的观念与建造，更要学习和提倡一种生态的生活方式，这种生活的价值被贬抑了一个世纪之久。当然，我们不得不想办法把传统的材料运用与建造体系同现代技术相结合，更重要的是，在这一过程中，提升传统技术，这也是我在使用现代钢筋混凝土结构和钢结构体系的同时为什么大量使用手工技艺的原因。技艺掌握在工匠的手中，是活的传统，如果不用，即使在形式上模仿传统，传统必死，而如果传统一旦死亡，我相信，我们就没有未来。

1. 双年展C-6展馆入口标识

"07深圳·香港城市\建筑双城双年展"参展作品拾珍

Selected works from "2007 Hong Kong & Shenzhen Bi-City Biennale of Urbanism\Architecture"

《住区》 *Community Design*

马清运在本次双年展所提出的"城市更新"不仅是一个主题，同时也为展览定下了一个基调。它要求建筑师以更加完善的知识结构与职业素养，重新审视近代的城市化进程，反思当下大兴土木、盲目建设的所谓"新大跃进"时期的诸多弊端，并最终将其升华为一种对于新时期人文环境的主动观瞻与建构。从某种角度，其可以视作建筑从业者团体内部为迎合均衡与可持续发展的社会诉求，而在某些方向与层面，对自身所进行的战略调整。尽管对于居住于城市内的大多数居民而言，"城市更新"仍是一个相对专业而生僻的词语，但实际上我们每天都能在身边切实感受到它对生活造成的影响。只不过我们仅被全国一片热火朝天、大干快干的极度热情所感染，却冷落了这一过程所埋没的冷静思考与隐隐忧患。盲目的飞速发展只能模糊标准、扭曲规范，最终导致失控。及时的审视与自省无疑是重中之重。站在这个立场之上，即使对于仅有20多年发展轨迹的深圳来说，我们也宁愿相信这次双年展的质疑与追问是未雨绸缪，而非杞人忧天。

意大利著名展览师、米兰理工大学展览设计教授弗兰克·奥利戈尼曾表示，建筑是最难被展览的。这源于建筑的特殊性，极难在有限的空间内展现真实。实际上，这也应该是双年展所遭遇的重要问题。本次展览选址于深圳华侨城OCT创意园内，此处向来为各设计机构所中意，空间开敞，秩序井然，别有一份闲适与安逸。作为展厅使用的破落衰败的厂房静默矗立路旁，斑驳的墙体与坑凹的路面是历史的见证，而包裹了策展群体的奇思异想，又扑面而来一股后现代的鲜活与凿实感。徜徉在展厅之内，我们轻易便可以捕捉到现当代艺术的影子，在这里，可以感受到各种迥异的视觉冲击与观念碰撞，各种声、光、电等媒介的错落交织时常会令人有观看先锋艺术展的错觉，但深究下去，其精神内核却是"建筑"或"建筑师"的。而至于这种承载于内容之上的形式手法，在多大的程度上可以传达展览的主旨，便见仁见智了(图1～5)。

接下来，本文仅遴选个别参展作品，收录其简要介绍，以飨读者。

1

2. 双年展B-10展馆图书超市
3. 双年展B-10展馆咖啡室
4. 深圳华侨城OCT创意园第一期室外雕塑
5. 双年展B-10展馆室外平台

6.土楼城市
7.中国梦，八步走

一、土楼城市

参展人：都市实践(由刘晓都、孟岩和王辉主持的建筑创作团体，目前在中国有深圳公司和北京公司。)

"土楼城市"是URBANUS都市实践和万科地产的合作项目。该项目设计试图通过对传统客家土楼的批判性借鉴，研究出一个适应当代城市低收入人群生活模式的居住形式和建筑类型，并试验及探讨如何使这种类型去消化城市高速发展过程中遗留下来的不便使用的闲置土地(图6)。

二、中国梦，八步走

参展人：何新城〔建筑师，曾任职于大都会建筑师事务所(OMA)，现担任北京互动城市基金会(DCF)的创意主任。过去十年，他发起的项目跨越了建筑设计、城市规划、纪录片、装置艺术、城市研究以及文字创作等领域。何新城于2003年建立了动态城市基金会，并设计了综合的研究项目——城市中国2020。该项目起始3年对北京及中国北方的研究成果将在2008年2月以《中国梦——一个建设中的社会》的书名由010鹿特丹出版社出版。〕

项目描述装置展示的是中国城市动态景观的全貌，并提出了俏皮的八步走计划来完善它。盖楼的速度要求紧逼中国和设计师们，哪怕是整个城市也能在瞬间拔地而生——接下来的10年将有400个新城在中国诞生。还有希望逃离这狂热吗？与高速的现实相对的是从容而谨慎的梦——DCF以此为两条线索，展示了充满崎岖与捷径的通往中国2020年的路线图(图7)。

三、冲关游戏：台湾海峡地图志

参展人：台湾海峡地图志研究团队

这是一项由伦敦建筑家扰物·邦修顿，荷兰平面设计师尤斯·古藤，和华裔建筑师刘宇扬发起的研究计划。

6

7

他们协同了香港中文大学的Joshua Bolchover，厦门大学的王绍森教授，台中东海大学的刘舜仁教授，以及厦大和东海的建筑系学生，为“地图志”进行调研的工作。冲关游戏是由伦敦的CHORA建筑与城市事务所开发的“城市美术馆”方法论的一部分。

项目描述的台湾海峡是一个交织而复杂的动态空间，也是新浮现的区域性城市概念。多重的文化、社会、和经济关系创造了一个新的临界主题，这是跨越政治界限而拥有空间意义的主体。“台湾海峡地图志”描述了一个带有空间可能性的“城市美术馆”实验项目。

“地图志”现有数个合作伙伴，包括海峡两岸的院校，并有可能成为将来的“气候变迁孵化器”。来自台中东海大学和厦门大学的团队将会在2007年12月深圳双年展会场举行一场公开的冲关游戏来检测台湾海峡中的气候变迁孵化器原型(图8)。

四、麻将启示

参展人：徐文力，薄光剑，戈霆，成都基准方中建筑设计事务所

成都被人戏称为“麻将之都”。一张麻将桌的面积是0.64m^2，成都现有1100万人口，按非官方统计有一多半的人会在他们一日的休闲时间选择麻将作为娱乐方式，那么就会有六七百万人在参加这种大型活动，按计算650万/40.64=100万m^2，这100万m^{2}是一个都市的巨大的公共空间，一个交往的场所，一个在快节奏生活当中释放心理压力的平台，一个历史遗留给我们如今交往空间贫瘠的大都市的一份非物质文化遗产。它们随时随地可能发生，具有不定性，它们游离在城市的大街小巷、庭院茶楼、客厅卧室，它们犹如城市的生活基因具备可遗传性与变异性，对当今中国大都市从物质形态到文化内涵逐渐趋同，公共空间走向衰落的当下，对于我们是否具有一定启示呢(图9)？

8

9

五、一城两制

参展人：杜鹃(美籍华人建筑师，IDU设计事务所总监。曾任教于美国、欧洲及中国，现任职于香港大学，执教设计和当代城市课程。)

本项目通过深圳的城中村来表述从农业转型的都市化进程。当外面的世界被政府统一开发后，城中村却还保留着自己的权力，表现出丰富的非正式的都市样式。对于这些区域的调研揭示了他们隐藏的对于城市构建的作用。随着对于新的城市模式以及工具的需求诞生，更灵活、更开放的都市形式被提了出来，而"城中村"这一特殊的形态为我们提供了无穷的启示(图10～11)。

10.11.一城两制

六、天空城市——探索垂直极限

参展人：JDS/Julien De Smedt Architects（朱利安·迪斯米特，生于布鲁塞尔，就读于巴莱特建筑学院及南加州建筑学院，毕业后曾在大都会建筑事务所工作。2001年创办PLOT，2006年于哥本哈根创办了JDS建筑事务所，并随后在布鲁塞尔及奥斯陆开设分部。）

在我们城市的各种问题当中，以密度和污染最为严重：都市密度已经是一个爆炸性的现实问题。矛盾的是，都市的扩张是以伤害公共领域和自然为代价的。增加建筑物意味着增加私人空间。我们应对这一境况的方法是在各种项目中不断引入公共空间和自然因素。我们相信，这一意向对于构建未来的城市是至关重要的（图12～13）。

12

13

七、社会主义新工房

参展人：祝晓峰（上海山水秀建筑事务所设计总监，曾任纽约KPF事务所副总监，1999年哈佛大学建筑学硕士。）

李念中（深圳清华苑建筑设计公司董事总经理，国家一级注册建筑师，1997～2000年任深圳大学建筑设计研究院常务副院长。）

这一研究关注这样几个问题：把低收入服务工作者的居住空间从中心城区彻底清除是否必要和合理？居住人口区域的阶层式划分是否反而会导致城市边缘更多更差的城中村出现？既然中心城区的服务业需要这些工作者，那么有没有可能把他们留在城中？

建筑师以建筑概念的方式提出专门为这一群体所构想的居住策略，即一种新的高层建筑类型：社会主义新工房。在构想中，这些社会主义新工房将以服务半径定位的方式分布在市中心原有的城中村基地内，并借助政府的土地开发和物业管理政策来实现自给自足。这一策略以社会主义制度的优越性为基础，并将这一弱势群体的劳动力以建筑形式表达出来，以反边缘化的姿态重新分配城市的版图（图14）。

八、欧盟当代建筑奖：密斯凡德罗奖

参展人：Lluis Hortet，Eduard Tolosa（密斯凡德罗奖基金会主席）

密斯凡德罗奖是由欧盟及密斯凡德罗（巴塞罗那）基金会共同颁发的一个奖项，每两年举办一次。该奖项旨在认同及点评建筑领域的优秀作品，通过这一过程，以引发欧洲专业领域的对于新思想及新技术的关注，并探寻出一个更容易让市民理解城市与建筑的方式。

密斯凡德罗展将展示40件由欧洲建筑师完成的获奖作品。这些作品的作者包括Norman Foster，Alvaro Siza，Peter Zumthor，Rafael Moneo，Zaha Hadid，Jurgen Mayer H.以及Rem Koolhaas等一线建筑师（图15）。

14.社会主义新工房
15.欧盟当代建筑奖：密斯凡德罗奖

14 15

16. 瓦片城市

九、瓦片城市

参展人：苏笑柏（1949年生于湖北武汉，1984年进入中央美术学院油画研修班学习，1987年获德国文化艺术奖学金，进入杜塞尔多夫艺术学院研究生班及大师班深造，师从克拉菲克、里希特及吕佩尔茨等现代艺术大师。）

"瓦片城市"实质上是对那些已消失的中国老建筑的一种隐喻，从福建老建筑上收集的旧瓦片被重新整修添色，在一个封闭的环境中按不同的高度悬挂。当参观者从瓦片间穿过的时候，不经意间触碰到悬挂的瓦片，于是瓦片和瓦片互相触碰，最终形成了瓦片的波浪（图16）。

十、后启示乐观

参展人：Lok Jansen(曾为建筑师，现为插图画家，定居东京。通过画笔记录在城市中听闻的一切，他曾为普拉达，OMA/AMO以及诸多国际杂志制作艺术作品。)

都市风景是一系列在城市中捕捉的城市的不同肖像，城市在镜头中表现出其不同的性格。作者致力于显示城市的不一致，为城市的非蓄意的设计的结合而感到高兴，这些肖像在他内心产生一种感觉，异常丰富，把城市中不断巨大生长的陌生"组织"结合在一起(图17)。

十一、边界计划

参展人：欧宁(1969年生于广东，1993年毕业于深圳大学，2006年9月之前一直生活工作在深圳和广州，现居北京。)

雷磊(2007年本科毕业于清华大学美术学院动画专业，现在吴冠英老师指导下攻读动画硕士学位。致力于视觉表达潮流文化的探索，目前专注的领域包括动画、平面设计、插图、短篇。)

二线关曾是深圳的重要边界，它把深圳市区与中国内地隔开。随着深圳城市功能的转换，二线关滋扰市民生活的便利，对深圳的物流、人流起到很大阻碍作用，制造关内关外地价和房价的不平等，更造成很大的社会资源浪费，市民对撤销二线关的讨论越来越热烈。《边界计划》针对二线关特定的自然地貌和历史文化脉络，进行地景艺术、大型装置、雕塑和临时建筑的即兴创作，它以动画的形式来展示对开发二线关的畅想，希望由此引发深圳市民更多的创意，以民间的智慧和草根的风格，来占据和使用这一城市边界空间(图18)。

十二、安平舢舨仓库

参展人：刘国沧(打开联合工作室主持人)

此次展览作者试图传达出一种改造台湾安平旧城的两面手法，其一是与国际接轨，以一个国际竞赛胜出的项目来呈现对于城市竞争的格局下所做的古迹区的再生计划为例，其二是与基层相融，以一个为解决近百户的弱势社群的生存问题而作的违章环境改造实践为例。

作者试着让平安这个台湾最古老的港口，不要被全球化的经济大潮淹没，心中便浮现了这么一个图像：象征生活内涵的渔民捕鱼用小舢舨船与象征历史内涵的郑成功戎克船一同停泊在台南安平所为它们预备好的港口，让文化上岸。

象征过往生活记忆的古老舢舨船铁丝残形与象征古老水工智慧的水墨竹影，伴着水袋与渔民现实处境的叙述句，悬浮在分析资料、建筑图面与历程的照片之上。光影飘荡，如同记忆脆弱易逝(图19)。

17. 后启示乐观
18. 边界计划
19. 安平舢舨仓库

17

18

19

20.多样式

十三、多样式

参展人：Thom Mayne，Morphosis事务所（Thom Mayne是Morphosis设计事务所的设计总监，现居洛杉矶，其他的成员包括：项目经理Eul-Sung Yi 以及设计经理Stephanie Rigolot。）

由Thom Mayne所做的“集体形式的复杂行为”调查了12项由形态形成理念设计出来的工程，它们都是涉及城市环境问题的。这些项目都对城市设计所遇到的问题进行了多方面思考，从重建2001年恐怖袭击后的世界贸易中心双塔，到重新思考究竟在2005年的飓风灾难发生后有多少新奥尔良要重建。这些建议与传统的最终国家计委的解决办法相比，更趋于不同结果和多面的解决方案（图20）。

21.绿色都市——景观再生

十四、绿色都市——景观再生

参展人：Erik Behrens，Alex Wall，Henri Bava，Steven Craig(绿色都市工程是由卡尔斯鲁厄大学教员组成的顾问小组成立的。亨利·巴瓦是一名景观建筑学教授和Agenceter的校长。徐家墙是城市设计和规划的一名教授。史蒂文·克雷格是一名艺术教授。艾瑞克·贝仁是一名城市设计和发展的前助理教授，目前是伦敦奥运EDAW顾问公司的一名项目经理。绿色都市工程是一个区域性的再生计划，受到欧洲联盟的支持。该展览是由艾瑞克·贝仁策划的。)

绿都的出现演化自现代工业的过程，是从煤矿田外围拟定该区域。其千疮百孔、杂乱退化的地貌特质源自煤矿田的开采过程及现代工业的发展。绿都将过去工业化的痕迹以及其附近的矿业山脉重新转化成为以自然与居民为主的创意休闲之地，把其衰退的容貌转化为美感并孕育生机。这是一个城市景观的重建，试图揉合城市化、后工业时代、农业和自然等属性而成为一种新的城市区域。在现代工业化的进程之中，都市领域源于大规模的资源发展。

22. 主题乐园

大规模地限制工业化使人们更贴近自然，过去的残迹可转化为孕育新世纪诞生的媒介。这个新的空间发展框架，通过废弃土地复垦为地区和生态的发展起了重要作用（图21）。

十五、主题乐园

参展人：上海库优建筑设计事务所（KUU是一个以上海为基地的建筑实践团体。它的成员组织非常多元化，他们来自中国、日本、新加坡、新西兰、泰国等多个不同文化的国家。KUU立志于建立一个以亚洲城市生活为激发点的实践体系。）

深圳"娱乐"空间的密闭特质及其空间的文化特属创造了对于"控制"的相对性。我们提议一种新的"娱乐"影射形式，一种愉快的、私密的、开放的、直接的、公共的融合。我们想象抛弃严格的空间局限，城市场所可以由行为举动和它引起的共鸣来界定，即对城市空间提供更混合、更丰富的定义（图22）。

十六、一砖一瓦建亚洲

参展人：《亚太艺术》/大众名堂(Wei Wei Shannon是人民建筑基金会的共同创始人和执行董事，人民建筑基金会是一个通过在建筑、都市生活、艺术和文化方面促进对话、鼓励创造性表达并产生新思想以促进中国和美国的关系的非盈利性文化和教育组织。)

"一砖一瓦建亚洲"使用寓教于乐的方法培养儿童对建筑和都市化的认知。

一系列使用乐高砖块的车间使青年人边玩边学，鼓励他们与建筑师和城市规划者交流和学习。建筑师和受邀参加的当地参与者在现场向孩子们讲解他们的模型所蕴涵的理念，并与孩子们一起创作他们自己的建筑设计和理想城市。孩子们获得了思考设计、建筑和团队协作的新方法(图23)。

十七、秦淮新解，水岸再生

参展人：匡晓明(上海同济城市规划设计研究院二所所长，国家注册建筑师，《城市中国》杂志总编)、马清运(南加州大学建筑学院院长，美国马达思班建筑师事务所创始合伙人及设计总监)、George Yu(美国南加州大学建

23.一砖一瓦建亚洲

筑学院教授，美国高级建筑师，SONY总部建筑设计师）、齐欣（北京齐欣原创建筑设计咨询有限公司董事长、总建筑师，法国注册建筑师，英国高级建筑师，法国文学与艺术骑士）、张雷（南京大学建筑规划设计研究院院长，南京大学建筑学院副院长，张雷建筑工作室主持人）、章明（同济大学建筑设计研究院原作设计工作室主持建筑师，同济大学建筑与城市规划学院副教授）、余琪（上海华都建筑规划设计有限公司副总经理，主创建筑师，国家一级注册建筑师）、韩冬（毕业于同济大学建筑学专业，国家一级注册建筑师）

该项目由匡晓明先生担纲总体规划布局设计，国际知名建筑师团队完成建筑设计。这次项目将吸纳上海外滩的江滨模式、上海新天地的旧建新用模式、北京长城下的公社明星建筑师荟萃等三大模式，再融合秦淮河本身的特点，创造属于古都南京的新传奇。该项目另一亮点是邀请了国内最新锐的城市杂志《城市中国》，作为项目活动的全程策划与跟踪报道媒体（图24）。

*摄影：张勇

24.秦淮新解，水岸再生

主题报道

Theme Report

城市再生

City of Expiration and Regeneration

- 中国城市设计与城市再生论坛
  Forum of China Urban Design and Urban Regeneration
- 李道增 罗 彦：城市更新与创意产业的发展
  Li Daozeng and Luo Yan:Urban regeneration and the development of creative industry
- 饶小军：城市的再生与真实的建筑
  Rao Xiaojun: The resurgence of city and the actuality of architecture
- 董国良：JD模式开创可持续发展的第三代宜居城市
  Dong Guoliang: The third generation livable city developed under JD principles
- 《住区》整理：城市的革命化思考
  Community Design:Revolutionary thinkings on city
- 吴 卫：和合共赢
  ——深圳宝安上合村旧改项目规划设计
  Wu Wei:Harmonious cooperation creates win-win results
  Renewal of Shanghe Village in Bao An, Shenzhen
- 赵云伟：世界城市的空间重构趋势
  Zhao Yunwei: Spatial rearrangement in global cities

中国城市设计与城市再生论坛

Forum of China Urban Design and Urban Regeneration

2007年12月15日14时，第二届中国城市建设开发博览会主题论坛——中国城市设计与城市再生论坛在深圳市会展中心6号馆隆重举行。本次活动由中国城博会组委会与《住区》联合主办。

近一段时期以来，关于城市更新与再生问题的讨论方兴未艾，先于本届城博会一周开幕的07深圳·香港城市\建筑双城双年展也将"城市再生"作为主题，引发了巨大的公众与社会效应。有鉴于此，此次论坛承继了这一话题，对照呼应，以期使其得到更加深入而广泛的关注和探讨，唤起社会各阶层与团体对当前国内乃至世界城市悉心维护与健康发展的思考。因此，本次论坛作为本届城博会的一个重要单元，引起了广大参与者的高度重视，并得到了强烈的反响，吸引了包括一批城市与科研机构的重要领导莅临指导。除此之外，也得到了各重点院校、开发商、设计院所、社会团体代表的全力支持。

本次论坛的演讲嘉宾共计9人，分别为中国工程院院士、清华大学建筑学院教授、博士生导师李道增，丽江市市长王君正，五合国际(5+1WERKHART)建筑设计集团副总经理赵云伟，北京大学中国城市设计研究中心教授陈可石，深圳东风汽车有限公司总经理朱东红，深圳大学建筑与城规学院副院长饶小军，加拿大宝佳国际建筑师有限公司中国区总经理马振荣，中国泛地产策划网CEO崔元星，美国开朴建筑设计顾问(深圳)有限公司常务副总经理吴卫与深圳维时科技公司董事长董国良。他们分别从宏观的社会经济背景、发展趋势与微观的人群、环境、交通等个案分析着眼，将理论研究与实践操作结合，作了精彩的报告。而本次论坛的主持人——综合开发研究院(中国，深圳)主任研究员李津逵，则利用敏捷灵活的思维应变力、富含激情和爆发力的饱满情绪与洗练精辟的串场与总结陈词，调动了场内的活跃氛围，保证了论坛主旨的顺利传达，最终令论坛取得了圆满成功。

本期《住区》特将此次论坛的几篇演讲加以整理，呈现给广大读者。我们希望"城市再生"不再是高不可攀的晦涩理论，也不仅局限于街头巷尾的饭后谈资，而应日趋成为一个标准，一种态度，它需要我们大家的认同与恪守。毕竟，城市是我们共同的家园。

深港房地产联合商会
深圳会展中心
CDE中国城市设计与城市再生论坛
主办单位：中国城博会组委会 《住区》杂志社
深港房地产联合商会
CCDE中国城市设计与城市再生论坛

组委会
加拿大宝佳国际建筑师有限公司　深港房地产联合商
深圳会展中心
CCDE中国城市设计与城市再生论坛
石青
CDE中国城市设计与城市再生论坛
《住区》杂志社

城市更新与创意产业的发展

Urban regeneration and the development of creative industry

李道增 罗 彦 *Li Daozeng and Luo Yan*

[摘要] 创意产业在我国城市更新中的作用越来越重要，目前我国几个大城市都在试探运用创意产业有效推进城市更新工作。随着文化产业的进一步发展，创意产业在城市产业发展中将起到越来越重要的地位。创意产业将有助于承接城市文脉，促进产业升级、社会就业和城市文化竞争力。

[关键词] 城市更新、创意产业

Abstract: *Creative industry is playing an increasingly important role in urban renewal. Considerable numbers of major cities in China are investigating the possibility of carrying out urban renewal by introducing creative industry. Creative industry will contribute to the continuation of urban context, the upgrading of urban industry; it will create more job opportunities and raise the competence of the city.*

Keywords: *urban regeneration, creative industry*

"创意产业"概念源自英国，被定义为"源自个人创意、技巧及才华，通过知识产权的开发和运用，具有创造财富和就业潜力的行业"。创意产业概念的提出只有6年时间，但该产业发展迅猛。据统计，2005全球创意产业每天创造的产值高达220亿美元，并正以每年5%左右的速度递增。在一些发达国家，创意产业增长速度更快，如美国达到14%，英国达到12%。

创意产业是智能化、知识化的高附加值产业，它以几十倍、几百倍的增幅升值其产品价值，因而发展创意产业可以大幅度提高传统制造业产品的文化和知识含量，促进产业升级转化，提升城市竞争力。在这一形势下，如何运用创意产业促进城市更新不仅具有重要的文化意义，而且也是科学发展观的体现。

城市更新即针对城市发展过程中结构和功能衰退以及随之带来的城市环境、生态、形象以及综合竞争力的下降，通过结构与功能调整、环境治理改善、设施建设、形象重塑等手段使城市保持发展活力，实现持续健康发展，并提高综合竞争力的过程。

由于城市是一个复杂的大系统，既包括物质形态方面的建筑、基础设施、生态绿地等方面，又包括非物质形态的社会、经济、文化等方面，因此，现代城市更新已不再仅仅归结为消灭低劣的建、构筑物，代之以现代化的建、构筑物，而应该是涉及城市全面的自然、社会、政治，甚至经济、工程等诸多要素，以改善城市的整体功能。只是由于不同城市发展过程不同，形成现状主要问题不同，城市更新的侧重点不同而已。

一、创意产业在我国城市更新的实践

近20年来，随着城市化进程的加剧，我国城市建设和旧城改造亦轰轰烈烈进行。作为我国文化创意产业的先行者，上海创意产业已经显现出强劲的发展势头，特别是上海市政府2004年以来所制定的一些具体的政策推动，不仅为当地创意产业的发展奠定了一个好的基础，而且为各地规划创意产业的发展提供了一条可供借鉴的发展思路。每个去过上海创意园区的人，都会充满了羡慕的目光，在大城市摩天大楼的夹缝里，偶尔可以看到紧闭大门的工厂、废弃破旧的仓库。但在破旧的外表之外，里面却可能别有洞天，精美的设计，粗犷的线条，充满激情的创造。如上海张江文化科技创意产业基地以浦东软件园为依托，以先进的科技水平、多样的艺术形式、健康的文化内容、现代的产业功能为发展主线，重点建设文化与高科技密切结合的文化科技创意产业，集中体现了“研发、培训、孵化、展示、交易”五大功能。因此，可以张江文化科技创意产业基地为龙头整合目前分散在各区的动漫和网络游戏业、多媒体内容产业和影视后期制作业，加强合作，共铸并共享“上海文化科技创意产业基地”品牌，形成优势，实现共赢。上海将市内的旧厂房改造后，形成了上海设计文化的一大亮点，吸引了大批的外国企业、机构前来参观投资，并为此培养了大批的优秀设计人才，使一批旧厂房和旧城区焕发了青春，并带动了产业经济和旅游经济的发展，形成了新的设计人才“孵化器”。

北京798工厂在2003年初时候，不到一年的时间，画廊、酒吧、服饰店、杂志社等艺术或时尚的商业机构增加到了约40个，艺术家工作室30多个。艺术家工作室以及相继进入的机构已经基本改变了这个厂区的环境气质，厂区内走动的人群越来越杂，时尚小资、前卫青年、外国文化掮客使这个多少让人有陌生感的工厂变成了北京最时髦的活跃地带，仍然保留着部分生产的工人们或视若无睹地忙着自己的事照旧地上下班，或恍然地打量着这些突然多起来的“外人”。他们或兴奋或听之任之的神色都在提醒着这个环境，它的现实正在改变着它的过去，不仅是情调的改变，甚至是798所代表的工业城市的整个逻辑就要被完全改变。

创意产业在上海、广州、中国香港等城市已经成为一个越来越引人注目的经济力量，为当地创造了很好的经济效益。这些城市，将创意产业作为城市更新的新模式，不仅保留了城市历史风貌、也降低了城市改造成本、提升了城市品位。

二、我国城市更新存在的问题

我国的城市更新从新中国成立至今已有50余年，其发展历程曲折漫长，直到20世纪90年代后才以空前的规模和速度展开。城市整体经济实力的飞速增长和房地产市场的推动，改变了城市更新的投资方式，由“投入型”转向“产业型”，房地产的效益为城市更新注入了新的生机和活力，推动城市更新进入一个新的历史阶段。但是我们也不得不面对城市更新中出现的诸多问题。

1.形象工程

严重的形象工程问题在我国许多城市大量存在。形象工程急功近利，不顾当地经济发展水平，严重脱离实际而上马，多因建设资金不足而造成长期大量拖欠工程款，为以后发展造成严重障碍和沉重负担，导致当地城市由强变弱，居民由富变贫，企业由盛变衰，甚至破产；大量拖欠农民工工资，向弱势群体转嫁负担，造成全国性的严重社会问题。

2.扭曲社会关系和利益结构，催生社会的不稳定因素

在城市更新的博弈中，存在着政府、房地产商和居民三方对弈者。更新方案，将是这三方利益平衡的合约安排。在更新中，居民的要求是保护他们的租金收益或对损失租金收益给予补偿，房地产商的追求是利润最大化，至少获得行业平均收益，而政府希望避免财政压力，实现社会稳定和政绩。现实中，受损失最大的往往是被迫搬迁的居民，他们从经济、社会关系、工作和生活上都会受到严重影响和损失。城市更新的客观结果就是将“贫民”疏散或迁到地价较低的地方，将“富人”集中到地价较高的地方，成了“驱贫引富”运动。

城市更新意味着物质空间和人文空间的巨大变动和重新构建，尤其是被迫强制性搬迁的情况下，很容易撕裂和损坏这种稳固基础和文化，造成社会各方面已经长期付出的巨大努力和各种成本所致成果的完全灭失。

最后，在更新过程中，如果手段和方法不当，就会激化社会矛盾，产生社会不稳定因素。20世纪五六十年代西方发达国家的历史也说明了这一点。在经济高速发展的推动下，各国开始了一场以功能区规划、大规模城市清理重建及城市高速公路建设为主要内容的城市更新运动。然而，城市更新改造始终伴随着激烈的反抗。

3.城市文脉断裂，城市特色消失

厚重的文化底蕴是一个城市独有的特色，也是城市竞争优势关键因素之一。城市的历史文化遗产记录了不同民族、不同时期文明的发展脉络和历史信息，是历史上不同传统和精神成就的载体和见证；它体现了城市的特色和个性，是城市的底蕴和魅力所在。没有了故宫和四合院的北京，将很难与保存完好的罗马、巴黎并称为人类文化古城；没有了泉的喷涌、水的韵致，济南引为自豪的“泉

城”称号就会在人们的认知中被抹去。

有的城市将原来的古建筑拆除后，就在原来的位置上又建起了仿古建筑，毁了真的，造了假的。建筑是不可复制的，再精美的复制品也是赝品，而且这种行为割断了城市的文脉，破坏了城市的意象，使城市在所谓现代化的同时，失掉了沉淀数百年世代相传的宝贵精神资源和物质财富，失去了城市独有的特色。

三、创意产业在城市更新中的进一步思考

1.延续城市文脉，继承工业遗产

(1)文化创意与工业遗产的结合

①文化产业的蓬勃发展

以文化产业为核心的创意产业将成为引领下一轮城市经济发展的核心竞争力，将称为城市竞争的焦点。诸多迹象表明，在全球化趋势不断加强、国际间竞争日趋激烈的今天，以文化产业为核心的创意产业的发展规模，已经成为衡量一个国家或城市综合竞争力高低的一个重要标志。

②建筑承载着文化

“文化是历史的积淀，存留于建筑间，融汇在生活里。”在人类历史发展长河中，城市的政治、经济、文化经历了兴盛和衰败的风风雨雨，而建筑却往往能够跨越时空留存下来，它们承载了城市的历史记忆，是前人创造的具有宝贵价值的文化遗产。但在我国，作为20世纪数量最大的建筑遗产——工业遗产却因为既非古建又非文保对象，而且往往由于形象太“寒碜”，与飞快“长大、长高”的城市建筑显得格格不入，从而成了旧城改造的重点对象——往往是用推土机推平了事，这种处理方法和态度无疑是简单而粗暴的，毕竟，城市的发展不应以割断历史为代价。

随着时间的流逝，工业遗产作为近代工业文明的产物必将日益显示出其历史文化价值与精神审美意义。

③创意产业发展需要新的空间

如前所述，创意产业是近年来城市发展的新兴产业，涉及广告、建筑、艺术、工业设计、时装设计、电影、音乐、出版、软件、电视广播等诸多领域。而这些产业与一般的工业制造业不一样，与一般的商业也不一样，它具有相对的时空独立性，它是一种思想、文化和市场的融合，随着经济和社会的发展，文化产业将越来越发达，而产业的存在必将寻找一定的依附空间，而工业遗产正好满足了这样大规模的需求。

(2)继承工业遗产方式

①创意产业的生产场所的需求

创意产业的产生需要新的产业空间，而城市更新中最令政府难以处理的工业遗产正好满足了这个需求。包括办公场所、创作场所等。

②创意产业的会展场所的需求

创意产业中设计、艺术以及出版影视等产品展示和推介需要场所，而现代化的会展场馆对于文化创意产业而言有点格格不入，缺少文化积淀，在工业区或者故居生活区中展示对于某些创意产品具有更加积极的效果。

③创意产业的公共活动场所需求

工业遗产的特点是大尺度，这对满足市民的公共活动需求具有积极意义。目前，地方在工业遗产处理中并没有大拆大建，而是结合一些工业元素整体包装成为公共活动场所，如城市公园、主题公园、电影院等。

④城市与空间设计的商业化运作

可以结合工业遗产的部分空间，以艺术创作为基础，开一些酒吧、餐厅等商业和日常生活及娱乐设施。

历史是一笔巨大的资源，但又不能仅仅成为资本。我们不仅应当把发展创意产业与推进产业结构和消费结构转型升级结合起来，把发展创意产业与旧城改造和保护历史文化遗产结合起来，而且应当把每一栋建筑、每一条街道作为艺术品加以创作，把整个城市作为一件文化产品来对待，在创意城市的过程中创作城市，在创新城市的过程中创造城市，让每一栋建筑、每一条街道乃至整个城市都能成为一件艺术品，一件文化产品。

2.促进产业升级，提高城市竞争力

从产业的划分来看，很难将创意产业划归到传统的第二产业或是第三产业中，创意产业是新技术日新月异的结果，也是新技术、与知识产权有关的创意与传统产业的融合。因此，从创意产业的发展来看，创意产业体现了产业融合的产业发展新趋势。创意产业最大的投入是以人的创造力为标志的知识产权、并依托现代的互联网和电脑技术作为工具，因此，它是一个知识密集型的产业，体现了现代产业发展的一种新趋势，同时它是一种典型的节能产业，因而可以为产业的发展提供一条可持续发展的道路。

目前我国各类产业升级的空间还比较大，经济增长方式转变助推创意经济升温。以典型的制造业为例，中国制造正面临非常大的资源压力和环境压力，煤炭资源、各种矿产资源压力巨大。与此同时，我国现有制造业文化含量低，品牌、创意、设计水平低的劣势已经显露无遗。依靠廉价的劳动力、廉价的土地资源培养起来的制造业，依然处于产业链的低端，只能成为世界工厂，产品的核心技术依旧掌握在欧美日等发达国家企业的手中。我国经济的发展必须以高附加值的制造业和现代服务业为主要方向。发达国家和地区的经验表明：创意产业的高附加值，可以推动传统制造业向高增值产业升级，大力发展创意产业，能够加快现代城市服务业发展，改变目前传统服务业在第三产业中唱“主角”的局面，迅速推动第三产业的优化与升级。

我国对创意产业的需求巨大。以文化创意产业为例，人们对文化内容的需求巨大。电视产业最清晰地体现了供需失衡，我国该产业每年有约600万小时的节目缺口。以儿童节目为例，我国18岁以下人口达3.67亿，但儿童节目多依赖进口卡通，而且经常定位不当。如果有创意的儿童节目出现，很可能会像超级女声一样，引发巨大需求。据报道，超级女声决赛吸引的观众超过4亿。此外，我国网游市场潜力不可小觑，目前全国有5000万左右的网络游戏玩家，手机用户超过3.6亿，相当于美国、日本和德国的总和。

国外各地区创意产业发展状况　　表1

国家/地区	状况
美国	到2002年，美国文化——创意产业产值达到5351亿美元，占GDP的比重达到5.24%；创造就业800万个，接近全国总就业人数的6%
英国	2002年，创意产业增加值达809亿英镑，成为英国第二大产业；到6月，创意产业雇佣总人数为190万，其后继续增长，成为该国雇佣就业人口的第一大产业
韩国	2005年韩国的游戏产业市场规模将达到43亿美元。其中网络游戏已经成为游戏市场的主导，占整个市场的62%。手机游戏持续快速发展，增长率达到45%
新加坡	2002年创意产业增加值占GDP的2.8～3.2%
香港	2001年创意产业为香港带来461.01亿港币，占GDP的比重为3.8%，就业人员比例达到5.3%

资料来源：北京国际城市发展研究院数据中心

国际经验表明，大多数大城市在实现工业化后，都把发展创意产业作为催化经济转型的重要战略举措。因为创意产业在增强城市综合竞争力、促进产业升级和转变经济增长方式上作用巨大。正如著名经济学家罗默所说，新创意会衍生出无穷的新产品、新市场和财富创造的新机会。

在全球化趋势不断加强、国际间竞争日趋激烈的今天，创意产业已不仅是一个发展的理念，而是有着巨大经济效益和社会效益的现实。据欧洲的一项调查表明，在工业品外观设计上投入1美元，将能得到1500美元的回报。可见创意产业的基础在于创意，前景在于产业。只有促进创意成果转化为经营资源，通过向传统产业的渗透和产业链的整合与延伸，进行深度开发，才能充分获取创意产业的效益。

如果我们一定要严格区分创意和创新，如果我们一定要把创意工业归结为以高新文化工业为主的产业集群，把创新工业归结为以高新科技工业为主的产业集群，那么创意工业和创新型工业、高新文化工业和高新科技工业就是新工业的两大战略支柱。如果我们严格区分文化工业和文化产业、高新科技工业和高新科技产业的不同含义，严格区分创意工业和创意产业、创新工业和创新产业的不同含义，如果我们一定要把创意产业归结为以高新文化产业为主的产业集群，把创新产业归结为以高新科技产业为主的产业集群，那么可以说创意产业与创新型产业正是当代经济发展特别是后工业经济的两大领导产业。

因此，我国发展创意产业，应实施产业集聚和人才集聚的战略，集中优势兵力聚焦若干重点行业（主要是工业与建筑设计、文化传媒、咨询策划、时尚消费等），强化品牌战略，包括做强创意产业园区品牌、创意企业品牌和创意产品的品牌，从而极大地促进产业升级和增强城市的国际竞争力。

3.促进社会就业，维护社会稳定

创意产业是源自个人创意、技巧及才华的行业，其发展的关键在于人才。从目前我国的人力资源看，还远不适应创意产业迅速发展的需要。据报道，纽约创意产业人才占工作总人数12%，伦敦为14%，东京则达15%，而我国创意产业发展较好的上海不足1%。不仅因为缺少高端创意人才和策划人才，导致原创作品少，创新模式少，而且也缺少擅长将创意作品"产业化"和"市场化"的经营人才和营销人才，即所谓的"新媒介人"阶层（如艺术经纪人、传媒中介人、制作人、文化公司经理等）。以动漫为例，国内市场上90%为欧美日韩的作品，国内市场对国产片的需求远大于供给，而我国的上海从事动漫设计制作的人员不足2000人，韩国则有3万多人。此外，由于缺乏优秀的"新媒介人"，对创意产品的推广、衍生产业的发展、品牌的塑造、价值的挖掘都还很不理想。因此创意产业要起飞，必须集聚大批优秀的创意产业人才。为此一方面要通过高等院校开设相关专业课程，培训培养一批人才；另一方面要创造宽松宽容的文化氛围，构建良好的公共服务平台，完善知识产权保护和提供一定的激励政策，从而为更多的人才提供就业机会。

四、结语

从经营城市走向创意城市将是未来城市发展的新趋势。我们既要增强城市的硬实力，改善城市的硬环境，又要增强城市的软实力，改善城市的软环境。我们不仅应当让城市强大起来，而且应当让城市美好起来。在城市资源体系中，人力资源是第一资源，但最可宝贵的是人的创造力资源；在城市资产体系中，人力资产是第一资产，但最可宝贵的是人的创造力资产；在城市资本体系中，人力资本是第一资本，但最可宝贵的是人的创造力资本。加强城市能力建设要求增强城市资源能力，提升城市经营能力，但最根本的是要增强城市创造力，也就是增强城市创意能力和创新能力，建设创意城市和创新城市。因此我们不仅需要经营城市理念，而且需要创意城市理念。新城市运动应当内在地包含创意城市运动。

在城市分工体系中，已有肢体型城市和首脑型城市，体能城市和脑能城市、体力城市和脑力城市之分，但是创造力城市将成为最高级城市。片面发展高新科技产业，片面强调科技创新，或者片面发展高新文化产业，片面强调文艺创新，只是半脑城市。只有高新科技与高新文化、创意社会与创新型社会和谐发展，才是全脑城市。在新城市运动中，从体能城市走向脑能城市，从半脑城市走向全脑城市是其战略选择，发展高新科技产业和高新文化产业，走向知识型城市和文化型城市，是其优先方向。创意城市和创新型城市正在引领城市发展的方向。

作者单位：李道增，清华大学建筑学院
罗　彦，中国城市规划设计研究院深圳分院

城市的再生与真实的建筑

The resurgence of city and the actuality of architecture

饶小军 *Rao Xiaojun*

[摘要] 2007深圳·香港城市\建筑双城双年展于2007年12月9日在深圳华侨城创意园开幕了。展览的主题是"城市再生"，引发了巨大的社会反响与公众效应。本文从这一焦点事件着眼，阐述了作者对于现代化，以及我国现阶段城市建设现状的独特思考，为中国建筑的实质问题把脉，指名了今后的发展方向。结合双年展，本文表现出一名了建筑师所应具有的责任感与使命感。

[关键词] 2007深圳·香港城市\建筑双城双年展、城市再生、现代化

Abstract: *2007 Hong Kong Shenzhen Bi-City Biennale was inaugurated in Shenzhen Creative Park. The theme was "urban regeneration, and it raised enormous response from the society and people. Taking the event as a starting point, the author depicts his unique reflections on modernization and urban development of China at present, tries to grasp the core issues of Chinese architecture, and points out the direction of future development.*

Keywords: *2007 Hong Kong Shenzhen Bi-City Biennale, urban regeneration, modernization*

2007深圳·香港城市\建筑双城双年展于2007年12月9日在深圳华侨城创意园开幕了。展览的主题是"城市再生"，策展人在此提出一种所谓城市的生命周期理论，把城市建筑比喻为像生命体一样有生有死，有生命的周期；建筑要像麦子一样，可以一茬一茬地割掉再长；或者建筑可以像吹泡泡一样，随时可吹可放；建筑没有保质期，随时可以拆掉重建。

策展人的目的也许是为了破除建筑师心目中那点对古典建筑永恒性的眷恋，瓦解那些多少年来被奉为圭臬的建筑经典思想，重新建立一种新的否定历史、面向未来的建筑认识观。作为一种理论探讨，这也许应该给予一定的理解和尊重。但是，当这种观点诉诸大众，试图形成一种新的"正统学说"和权利话语，特别是它借政府所主办的双年展向社会传播，形成了一种"知识与权利"合力共谋的时候，我们则必须在理论上给予一定警惕和质疑，尤其是因为这种学说本身所容易带来的歧义和偏见，对社会对大众而言，有可能带来对城市和建筑的极大误解，则必须给予理论上的批判和肃清，以正视听。

我把这种否定历史、追逐未来的学说，描述为一种理论上的集体主义的梦幻狂想，一种"光着脚丫子拼命追赶时间"的疯狂状态，全然陶醉于一种对未来的疯狂的追逐，全然忘记了脚下的危险和灾难，这将是一件很悲惨的事情。这种对未来主义的迷恋和追求，早在西方现代建筑

思想中成为经典的理论，它源自黑格尔和达尔文进化论的哲学思想，是一种哲学和政治的历史主义的建筑学翻版。我们不能忘记，本世纪我国所经历的“大跃进”和“文化大革命”运动，从思想深处也是这种集体主义幻想在中国现实中的演绎，整个社会反对历史、“追逐未来”的思想潮流，导致了整整几代人都在为虚无的集体幻想而奋斗，文革时期那种“破四旧、立新风”、反历史、反文化的做法，让我们付出了惨痛的代价。我们的确应该保持一种冷静、客观的批判态度，对当代全民性追求“现代化”的思想状态有一种反思。

一．对“现代化”的批判思考

当前，我国是以实现“现代化”为基本诉求，大搞经济和建设，被西方人戏称为新的“大跃进”。“现代化”，在一般的意义上，是“发展与进步”的代名词。对于我国城市建筑而言，“现代化” 仿佛是一种必然的宿命，是别无选择的发展“硬道理”。但是问题在于：倘若我们只是简单地把“现代化”理解为“西方化”，或者是简单地照搬和模仿一种表面的“现代化”，而丧失了我们主体的批判意识和文化精神，或者远离了我们当下气脉相接的生活经验，抑或抛弃了我们赖以自尊的文化遗产，看不到其负面作用，都只能导致与真正的现代化无缘。

西方学者马克思•韦伯说过：“现代化的过程是系统吞噬原有传统社会的过程。”现代化将使都市空间原有的价值和意义逐渐消失殆尽，城市中到处都是“意义失落的空间”，现代人在其中已无法找到自身的价值定位，而沦为精神上的无家可归者。也正如彼得•伯杰在《面向现代性》一书中所说的：“现代性是以无家可归为标志的。现代化的力量就像一柄巨大的铁锤，无所顾忌地砸向所有旧的社区机构——氏族、村庄、部落地区……”

“现代化”的本质，是以大工业化、高速度、城市巨型结构为特征，有着正反的两面特性，就像一把双刃剑。它在使城市变成机器般的巨型结构的同时，也将传统中“人性的”、“社区的”、“象征的”空间形态和人文景观加以扼杀和排斥。当我们看到山川河流正逐渐被吞噬，看到我们的城市中不乏一些矫揉造作、虚张声势的现代化狂想之作，越来越多的怪异的、超大规模的建筑，以及越架越多的公路立交，实际上，它们已构成对传统和人性的无情挑战。汽车的无节制发展留给人们越来越少的生存空间，终有一天，人类会从机器般的梦幻中觉醒。“恢复都市的人性空间”将成为那些受尽现代建筑折磨的城市人群的一种反抗行动。

二．繁荣与困顿——中国建筑领域表象与现实的二元对立

当前，整个中国建筑行业到处是一派“大干快上”的现实场景，这种外在的“繁荣”直接导致了学术界和设计行业内部充满虚假概念和伪劣的命题，掩盖了对“真实性”问题的探究。中国城市建筑的发展现状，在思想深处，可以比拟为西方早期现代主义的那种英雄主义理想的再现，“现代化”成了全民上下所共同追求的宏大目标。建筑师把城市变成了实现在那疯狂时代建筑师所未能实现的梦想的实验场，导致一大批光怪陆离、新奇怪异的建筑垃圾在中国以最快速度和惊人的尺度产生，整个行业到处充满了欣乐和狂喜，人们似乎已经无法冷静下来思考，继续穷追猛赶着某种被称为“现代化”的东西。

而中国建筑设计领域的现实状况是：由于市场经济对建筑设计行业的大举侵倾，以及西方建筑思潮的直接或间接影响，建筑师面临着主体意识匮乏、创作想像力无由释放的困境，并导致了设计创作和实践领域的虚假繁荣，走向令人堪忧的局面，即建筑设计在一种技术性“炒作”的风气中，面对西方乃至香港纷繁芜杂的建筑思潮和观念，多数流于风格样式的生搬硬套，浮于表面。而形式、风格、象征和隐喻，这些建筑师曾经所熟知的专业术语，摇身一变成了地产商的营销广告和廉价商标。“技术引进”的确给社会和建筑行业带来了一劳永逸的实惠和利益，但同时也使得城市与建筑在失去了本体价值和意义的前提下，铸成了种种“现代化”的假象。而真正具有文化内涵和意义的建筑几成凤毛麟角，淹没在虚假的现代化海洋之中。

三．城市再生≠精神的荒漠化

城市和建筑本来是很真实的东西，但这些慢慢都被遗忘了。城市和建筑是人类历史和文化的物质承载体，千百年来人类的精神与文明赋予了其内涵和意义。否定过去，否定建筑的历史性，实际上将导致精神的荒漠化。任何城市除了有建筑的硬件以外，更有以人为主体的精神文明积

淀，需要时间的磨合和凝练。对深圳而言，刚刚经过短短20多年的建设，她还正处于生机勃勃的生长期，却已走过了西方上百年所走的城市建设路程。但从社会学的意义上来说，她尚未形成一定意义上的城市精神和文化。我们需要时间，需要文化的积累和沉淀，而不能为了建更多的房子，而拆更多的房子。深圳建筑在走向现代化的同时，应当注意保护本来就稀缺的文化遗产，保护那些给城市生活带来勃勃生机的社区人文环境，寻求城市空间与人文的平衡发展。我们已经付出了不该付出的代价，我们不能再重蹈历史的覆辙。

而现在，有人在不断地制造一种新的幻想和假说，然后拼命加以鼓吹，希望把它变成真理，因为他们深信"谎言说一千遍就能成真理"。这不能不引起我们的警觉和思考，如果果真像那些"城市麦茬说"的人所讲的那样，建筑可以随拆随建，且不说对自然生态资源造成多大浪费，文明难以为继；城市也就成了一种没有生命的躯壳，而生活于其中的人，也就成了一种没有灵魂的肉体。"假的就是假的，伪装应当剥去"。未来的东西充满了诱惑，西方现代主义那种反对历史、"追逐未来"的观念，已然受到理论界的质疑和批判，我们则必须根据中国的现实，正确地选择现代化的道路，在保护历史、延续文化的前提下，发展和建设我们的城市与建筑。

从这层意义上来说，"城市再生"决不是一种精神的荒漠化，而应该是一种对城市精神的重新思考，使其历史得以延续和充满活力，给我们的城市赋予更多的精神内涵。

四．当代中国建筑问题的实质和未来出路

我以为这一问题应该分成两个方面来认识：一方面我们必须首先对西方整个现代建筑的思想发展进行冷静和客观的反思，从根本上清理现代建筑的理论基点和思想缺失面，才能对照当前中国现代建筑的发展，辩明真相；另一方面我们则必须把我们的心态从那种狂躁的热情中冷却和释放出来，以历史的眼光来反观中国现代建筑的发展轨迹，理清楚我们自己所曾经真实走过的道路，对建筑的本真意义进行严肃的思考，才能站稳自己的脚跟，看清未来所要走的路向。

反思西方现代建筑的整个思想历程，历史主义的思想阴霾，始终笼罩着20世纪乃至今天的建筑理论视野，从早期未来主义的"反对历史"、"走向未来"、歌颂工业化，到现代建筑英雄主义的主流思潮，无不以未来的理想和目标作为行动的指向。时间轴成为禁锢人们头脑的铁网，似乎很难以想像一个没有未来理想的现实生活，难以想像一个永恒变动不居但又没有一定指向的平面的时间坐标。后现代主义对现代建筑的批判与超越，并不是一种风格意义上的简单求变，而是从思想深处对现代主义那种集体主义、英雄主义和历史主义的拨乱反正，对现代建筑思想的缺失和盲点进行针砭，它为我们今天建筑的发展奠定了一个理论的突破点。

再说中国现代建筑的发展，学术界曾经引发的关于中国究竟有没有真正意义上的现代建筑的问题讨论，潜在的含义乃是对西方现代建筑内在价值的渴望与诉求，以及对中国本土建筑的无根状态的焦虑。我们必须现实地研究中国现代建筑所走过的路，找到中国现代建筑的发展根脉，同时对照现代建筑发展的思想背景，才能看清中国建筑的真正价值，并从中吸取真正的养分，发掘现代建筑本土特点，为未来的发展奠定基础。

五．走向真实的建筑

我们始终关注的是，如何在一种虚假梦幻的现实当中，去寻找自己在世界中的真实定位，寻找建筑存在的价值和意义，寻求表达自我真实生存状况的新策略，寻求对我们自身精神生活而言乃是十分真实的表达方式。的确，有关真实性问题的探索关系到建筑学乾坤社稷的根本。

学术的本义应当是求真，方法论的模式只能寓于研究的对象之中。学术的真实性，只能来自对我们周围生活现实的敏锐观察和体验。但是，真实性的含义却往往被曲解，它成了现实中各种标准、规范、常识、约定俗成的代名词，构成了正统和主流的学术营垒。它凭借一些抽象的理论和概念体系，表现为一种独断论的权力话语特征：即对一切背离理论规范的异常现象视而不见，或是对异端学说思想进行无情的扼杀和排斥局外。建筑理论的视域，由于长期囿限于常识和规范所铸成的封闭性壁垒之中，已越来越远离了客观现象的本质。学术的思想在各种空洞的概念堆砌中渐渐失去了赖以滋生的现实土壤和生活体验。我始终以为真正具有价值的思想命题不可能从概念本身的演绎中得出，而只能从真实的生命和生存的原生状态中涌现出来，这也许是一切学科发展的充要条件，但却往往为人们所忽略。如果不能感悟到概念之外的具象指涉，不能将概念解读成鲜活的生命现象，任何学术的思想也许只能是没有灵魂的躯壳，几无价值可言。

因此，我以为建筑学必须真实地"贴近生活"，必须以真实的个体的人的经验作为建筑设计的依据。这不仅仅是指设计构思上的更切合实际的生活，而且也是指理论或思想方法应当在具体、微观、形而下的经验层次上展开；任何居高临下、宏观抽象的体系化结论，我都怀疑可能导致某种"虚假性命题"，或演化成某种禁锢人们头脑的权力话语。当人们把注意力放在事物的虚幻概念的时候，实际上只能获得一种表面化的真实，而其真实内在的精神意义则被掩盖不见。只有打破了常识所形成的思想套路，走入现实的生活之中，方能建立一种清醒而独立的批判意识。

六．结语

近年来，随着频繁的对外交流，国人在引进国外设计的同时，亲眼目睹和切身体验了外来建筑和文化，也逐渐揭开了蒙在"现代化"表面的那层面纱。大多数建筑师变得冷静而从容，不再为变幻的思潮所动，他们承受着外来建筑文化思潮与社会市场经济观念的双重压力和影响，进行着本体意义上的理论思考和设计实践。这种主体意识的觉醒，标志着中国建筑逐步走向了成熟。城市建筑的发展，充分体现了中国城市"现代化"之梦的筚路蓝缕的历程，记载了我们在"现代化"之路上的困惑、希望、沉吟与思考。对于中国的建筑来说，什么是真正的"现代化"？这仍是一个有待探索的问题。

作者单位：深圳大学建筑与城规学院

JD模式开创可持续发展的第三代宜居城市

The third generation livable city developed under JD principles

董国良 *Dong Guoliang*

[摘要] 21世纪是城市化的世纪，城市问题是制约全球社会经济发展的关键问题。近年来的各种征兆表明，人类社会正处于城市模式大变革的前夕，历史在呼唤第三代城市的诞生。本文作者经过多年的潜心研究，提出了崭新的城市发展理论——JD模式。希望以此打破几十年来"交通拥堵永远无法解决"的窠臼，纠正固守"城市四类道路配置"的技术偏见，剖析城市发展陷入的误区，最终展现新一代城市的美好前景。

[关键词] JD模式、城市化、交通、人性化、可持续发展

Abstract: *The twenty-first century will be the century of urbanization. Urban questions are pivotal to the global social and economic development. All signs have indicated that the human society is at the dawn of fundamental change of urban patterns. The third generation cities are being gestated. The author puts forward a new urban development theory - the JD principles. It is anticipated that 'the unsolvable urban congestion' in the last decades could be broken, and the obsolete "four categories of urban roads" orthodoxy could be modified. By analyzing these mistakes in urban development, prospects of new generation cities are presented.*

Keywords: JD principles, urbanization, transportation, humanized, sustainable development

21世纪是城市化的世纪，城市人口将增加一倍多[1]，汽车数量将增加五倍多[2]，城市问题是制约全球社会经济发展的关键问题。资源消耗和环境污染已接近地球承受能力极限的城市，如何面对城市人口和汽车数量的爆炸性增长？难道人类世世代代要生活在交通拥堵等诸多城市病更加严重的噩梦中吗？2000年，100多个国家代表参加的未来城市大会发表的《柏林宣言》认定"全世界的城市没有一个做到真正可持续发展"。近年来的各种征兆表明，人类社会正处于城市模式大变革的前夕，历史在呼唤第三代城市的诞生。

JD模式开创的第三代城市[3]，是完全没有交通拥堵，汽车油耗和尾气排放均减少80%，市区占地和建设投资均节约75%，绿地率超过50%的生态型城市。JD模式的理论，打破了几十年来"交通拥堵永远无法解决"的神话，纠正了固守"城市四类道路配置"的技术偏见，剖析了城市发展陷入的误区，展现了新一代城市的美好前景。

一、城市病的总根源——现行城市模式与汽车文明不相容

现在的城市，是继马车主宰交通的第一代城市之后，在汽车化"驱使"下，被动无序化发展的第二代城市，已被公认为是不可持续发展的城市[4]。现行城市模式失败的根源在于它与汽车文明不相容，而不在于汽车的多少。造成这种不相容的要害问题有三：一是地面上人车混杂；二是固守着间断流交通（即交叉路口需要停顿）为主的四级城市道路；三是城市的开敞空间大多被汽车所霸占，户外活动的人性化空间消失。

现行模式城市建设思路带有可怕的"盲目性"，可能"事与愿违"；"许多地方的基本问题不仅没有改善反而变得更糟"，"有些措施恰恰是在摧毁城市"，似乎是"在城市建设方面集体无能"。其必将导致四大危机：

1. 世界上汽车达到1万人6000辆饱和拥有率的城市，

市区蔓延严重，人均占地高达300m^2 左右。随着城市人口和汽车数量的增加，必将产生城市土地资源危机。

2.目前全球汽车燃油消耗已经达到地球可供资源的极限，而汽车能源变革很难赶上汽车数量的爆炸性增长，必将加重汽车燃油供应危机。

3.恶劣气候濒临的现状表明，包括汽车尾气在内的温室气体排放已经达到地球承受能力的极限，随着汽车数量的爆炸性增长，必将加重汽车尾气排放危机。

4.交通拥堵与它所造成的城市低密度蔓延相互形成恶性循环，限制小汽车需求和发展地铁等公共交通并不能改变这种局面：对小汽车依赖程度畸高，道路交通投资过大，交通距离长，交通耗时多，城市效率低，交通拥堵重、事故多、噪声强，城市管理难，治安环境差，等等。总之，人居环境恶化、城市活力降低，必将产生城市发展危机。

那么，我们应该用什么尺度可以判断一个城市模式的好与坏？其实很简单，只要看这种城市模式产生的后果是“聚”还是“散”。全世界的城市都在“摊大饼”，即逐渐变“散”，这表明现行城市模式不好。城市本质上是一个聚居区，“散”的结果是破坏了城市功能。市区越“散”，交通总量越大，机动车交通占的比例越大，城市越堵，尾气污染越重，出行难的问题十分突出。因此，市区是“聚”抑或“散”，将是城市模式成败的分水岭。

二、城市大系统整体优化的新模式——JD模式

一个世纪以来，解决城市问题的大量实践积累了宝贵的经验，特别是长期“就交通论交通”、“就环境论环境”、“就土地论土地”都未能取得成功的深刻教训，给了后来者很大启示。城市的各个问题都不可能孤立地得到解决，应该把城市大系统的整体优化作为解决城市问题的出发点。城市大系统的全面可持续发展，需要同时满足29项属性特征。笔者以此作为决策的约束条件，再经过长期反复的多目标最优化决策过程，最终找到了满足全部29个约束条件的城市新模式——JD模式。

JD模式与互联网或集装箱运输系统一样，都是近代大系统优化新思维的产物。JD模式开创的第三代城市，可同时实现城市大系统和各个子系统的全面优化。

三、第三代城市可持续发展的29项基本属性

1.第三代城市具备城市交通可持续发展的7项属性特征：

目前的城市，仅仅一个交通拥堵问题都长期解决不好。在第三代城市中，同时具备步行、自行车、公交车、小汽车等四套独立的道路系统，相互间没有平面交叉，而且同样四通八达；人们充分享受交通上的五权，即：步行权、自行车出行权、乘公交出行权、自驾车出行权、停车权；每种出行方式都遮阳蔽雨、便捷宜人。有以上条件，且城市紧凑，出行距离缩短一半以上，人们不会经常选择自驾车出行，城市自然可以实现真正以人为本的绿色交通。具体内容如下：

(1)恢复步行者的尊严，步行道路便捷，在全市四通八达，而且与机动车道路和自行车道路都没有平面交叉，不需要通过斑马线，不需要等待红绿灯；

(2)为健康出行的自行车交通创造良好条件，自行车道路同样四通八达，与机动车道路和步行道路都没有平面交叉；

(3)公交车全部为快速公交，所有换乘距离均不大于50m；

(4)机动车道路全部为快速路网，取消红绿灯，永不发生交通拥堵；

(5)以上所有交通系统都是全天候的，出行不受日晒雨淋；

(6)停车系统完全满足需要，不发生停车困难；

(7)根本不会发生汽车撞行人或撞自行车的交通事故，也不会发生自行车撞行人的交通事故。

2.第三代城市具备城市资源可持续发展的6项属性特征：

(1)将城市“我要蔓延”的内在动力机制转变为“我要紧凑”，在汽车拥有率达到1万人6000辆的饱和水平时，城区不发生蔓延，人均建设用地50m^{2}左右，低于现行城市模式的1/4；

(2)市区紧凑，在节约土地3/4的同时，也相应地节约了征地费和基础设施建设费，市区建设投资仅为现行城市的1/4左右；

(3)交通全面人性化，自驾车出行分担率降低约1/2，城市紧凑交通距离缩短约1/2，汽车连续行驶且不堵车，百公里油耗降低约1/2，综合起来，车均油耗可降低至目前的1/8左右；

(4)市民交通费用大幅度降低；

(5)节约时间，上下班交通时间平均每天不超过一小时；

(6)四套道路相互独立，交通管理费用低。

3.第三代城市具备城市环境可持续发展的8项属性特征：

(1)市区开敞空间全部为没有汽车出现的安全的户外活动空间；

(2)市区绿地率不低于50%；

(3)户外空间宁静，听不到汽车噪声；

(4)汽车车均尾气减排80%以上，空气质量较好，对防止气候变暖意义重大；

(5)城市紧凑畅通，人车全面分离，可实现严密的治安管理，无空白、无死角；

(6)人行道、自行车道及消防等紧急救援车道设置在地面停车库的屋顶上，抗洪灾能力强，发生洪灾时不影响城市正常运行；

(7)通风良好，可缓解热岛效应；

(8)市区雨水可以收集利用或补充市区地下水。

4.第三代城市具备城市经济可持续发展的3项属性特征：

(1)半小时(车程)经济圈覆盖人口规模，从目前的约200万人增至约4000万人，经济运行的外部成本急剧降低，聚集效益大幅度提高；

(2)市区高度紧凑、完全畅通，故市区房价均衡，不会造成规划布局的扭曲；

(3)同样土地面积可多盖一倍以上的住房，住房总量长期供求平衡，或供略大于求，为平抑房价创造了基本条件。

5.第三代城市具备城市规模可持续发展的3项属性特征：

(1)城市交通等支撑系统，满足在任何地段形成市中心的要求(即满足泛中心化的要求)，适应城市中各中心位置在长期发展中的变化；

(2)由于城市紧凑畅通并实现了泛中心化，而且半小时经济圈即可覆盖城市日常经济活动的范围，所以城市规模无限扩大并不会产生新的城市病，可以适应城市规模不断扩大或发展为城市带；

(3)作为耗散结构系统的城市，由于实现了城市三维空间结构的全面有序化，总体上形成自组织系统，在系统的改造和发展中将不断输入负熵流，城市可实现长期有序化发展。

6.第三代城市具备满足城市景观和文化传承要求的2项属性特征：

(1)户外开敞空间中，看不到"千城一面"的高架路、大立交桥和一条条喧嚣拥堵的汽车路，市区绿化率高，景观回归自然，为构建宜人的特色城市创造较大的空间；

(2)城区高度紧凑，市区占地仅为现行模式城市的1/4左右，在城市化的发展中，不会与传统古建筑争地，可以为历史文化传承留出保护区。

四、JD模式将令政府、开发商、市民三方受益

采用JD模式，政府、开发商、市民三方均将受益，并不增加经济负担，具体表现为形成城市发展中三个良性的拐点：

第一个拐点，同一块土地上可建设原有建筑面积两倍以上的建筑，单位土地面积的承载力增加一倍多，相当于增加了一倍多的土地资源，城市发展从土地资源枯竭转变为土地资源宽裕，老城区改造成为可以二次开发出大量新增土地资源的宝库。

第二个拐点，由于同一块土地可建设原有建筑面积两倍以上的建筑，不仅拆迁安置费用节约一半多，而且土地出让金收入增加一倍以上，城市发展从资金不足转变为资金宽裕，老城区改造从需政府贴资转变为政府长期增收的"金库"。

第三个拐点，城市从不可持续发展的第二代城市转变到全面可持续发展的第三代城市。

五、结语

21世纪将完成全世界的城市化，全球绝大多数人口逐渐聚居到城市中。开创新一代可持续发展城市，是人类社会面临的紧迫任务，已引起各国政府和联合国机构的高度关注。一旦完成第二代城市向第三代城市的变革，几乎地球上所有的人都将摆脱日趋恶化的城市人居环境，生活在畅通、宁静、安全、高效、低能耗、少污染的生态型城市中，世世代代享受全新的生活。

采用JD模式进行城市模式变革，效果立竿见影[5]，不仅大量节约土地、根除交通拥堵和停车困难、构建人性化的户外活动场所，而且政府和发展商均有高额收益。而电脑仿真及试点商业化的成功更表明，JD模式具备迅速推广的现实性，动作越快，代价越低，受益越早。在中国推广JD模式估计可节约3亿亩土地、10多亿吨汽车燃油与数十万亿元城市建设投资。

注释：

1.联合国人口基金．2007年世界人口状况报告

2.联合国人居署．全球化世界中的城市

3.第一代城市是马车主宰交通的城市，第二代城市是目前的汽车主宰交通的城市，第三代城市是多元化交通均衡发展的城市；城市的空间结构，在马车时代的第一代城市中是平面有序化的，在目前的第二代城市中总体上是无序化的，在JD模式开创的第三代城市中是立体有序化的。城市载体(土地)空间结构的差别性，决定城市运行状态的阶段性，所以采用城市载体空间结构的差别性作为划分第一代、第二代、第三代城市的依据

4.[英]迈克·詹克斯等．紧缩城市．北京：中国建筑工业出版社

5.JD模式在长沙市新河三角洲试点地块以采用传统模式3倍的价格成功出让，取得了立竿见影的效果。参见新华社记者的报道《揭开92亿中国地王天价之谜——JD模式破宜居难题》(2007年8月13日《经济参考报》和各大网站)

作者单位：深圳维时科技公司

城市的革命化思考

Revolutionary thinkings on city

《住区》整理 *Community Design*

2007年12月15日，第二届中国城市建设开发博览会主题论坛——中国城市设计与城市再生论坛在深圳会展中心6号馆隆重举行。

深圳维时科技公司董事长董国良先生做的演讲——"JD模式开创可持续发展的第三代宜居城市"把论坛氛围推向高潮，与会者对"JD模式"展开了广泛的讨论。

2008年1月6日，中央电视台经济频道"对话"栏目以"城市的革命化思考"为题，邀请董国良先生作为嘉宾出镜。他的"JD模式"是否可行？是"理想"还是"现实"？现场的规划专家、交通专家和热心观众共同探讨城市可持续发展的未来之路。《住区》整理了嘉宾的主要观点，呈现给广大读者，望《住区》的读者也参与到我们的讨论之中。

李康 首都规划建设委员会咨询专家

这个模式应该说在土地利用结构上是创新的，同时从交通突破解决相关问题，是派生的结果。

我们现在的矛盾主要集中在大城市和特大城市，无论是土地、交通、还是水资源等等，模式推广的难度恰恰就在这些城市，其适应的程度是成反比的。我一直认为，这个模式在大城市的应用，应该要仔细研究，并不是那么简单。第二，就试点的规模效应而言，小的面积没有意义。

周孝正 中国人民大学法律社会学研究所所长

该模式是中医为主，中西医结合，这个比喻很恰当。因为西医是治一个人的病，中医是治一个得病的人。这个系统有几个闪光点，比如要恢复步行的尊严，这是对的，人会走路，任何交通首先不能影响走路，这是一个起点。

我觉得这个问题是一个精神文明，物质文明、政治文明、生态文明，4个文明的问题，即采取文明的生活方式，而不是技术问题。董老师的理念是正确的，要恢复行人的尊严，这是第一。当然他有一些极端的说法，比如交通事故为0。

何东全 美国能源基金会中国可持续城市项目主任

我说一句可能不恰当的比喻，该模式是用中医的方法，去看这个问题之后，用西医给它一刀。在这个理念上，我完全同意董先生的分析方法，但是如果我们到实践的这个层面，特别是说到它的这个模式本身，我觉得是有问题的。最大的问题是，虽然人和车分离，但是车与车之间的矛盾没有在这个模式中得到解决。比如一个停车场2万个停车位，你怎么将它摆进去，那么在它的出入口就必然产生拥堵。一旦这种情况出现，从这个出入口的堵点开始，整个系统会堵回去。

董老师提出一个观点，就是我们的供给能不能满足我们的需求——以小汽车文明为核心的需求。世界上所有国家的答案都是否定的，即我们靠资源供给来满足小汽车达到畅通无阻的这种需求是不可能的。现在我国有这么多高密度的城市，像美国一样，在1000人拥有600辆汽车的情况下，用任何的技术手段，结果都是不可能的。

在不满足人类贪欲的前提下，你只能采用资源节约型的方式，进行土地利用，选择交通方式——公交加步行和自行车的绿色交通方式。这是唯一的一个缓解的条件，但永远达不到我们的期望值。

焦洪波 中国科技新闻学会理事长

理想色彩并不等于不能同现实相结合，在针对不同城市、不同地区时的确切实可行。比如针对旧城改造，它就有一定的现实性。而对于新建的城市、小城市，也完全可行。

汤丽娜 美国加州大学伯克利分校城市规划系博士

我认为这个模式很有意思，但也有一些问题。比如我们还没有真正地提高公交的水平、服务与系统。而且它应该考虑到城市经济的发展状况。在北京存在的一个问题，是大部分的交通都集中在2环与3环，这是工作单位比较集中的地方，而人们却主要居住在4环与5环，甚至6环以外。这种模式必须要考虑到如何控制人们的工作地点，以及购买日用品的地点，这些场所是否都在步行的范围内，或者在相对比较近的范围内，而这是很难控制的，即使在美国也是这样。

葛羿 阿特金斯中国区董事

我们一直在谈应该用什么交通出行方式。我可以用一个词，来解决这个问题，即效率问题。城市本身是人类经济活动的场所，考虑到这个属性，第一便是效率问题。如果我们抛开一个社会和环境范畴的话题，只讲城市本身中心区或改造，以土地刚性资源为条件下的一个经济效率模式的话，这是可行的。

杨子慧 中国社会科学院人口研究所研究员

像北京这样的旧城改造，要完全建成董先生的模式，我想面临的问题更大一些。旧城改造的投资成本是相当高的，建新城只是建，旧城改造既要拆又要建，是双倍的成本投入。

依董先生所述，从旧城改造同时又产生节地效应，政府可能在收支上有一些化解，但难度仍存在。如旧城改造，经常要牵扯到很多商店、办公楼、住宅区的搬迁，要有很多空间满足搬迁需要，这其中又带来了诸多生活、工作的不便利，这些问题如何解决？

该模式在长沙进行的试点是成功的，但其在全国众多城市中，是否能说明问题？

我建议在考虑城市规划的时候，一定要把人口这个因素放进去，我国人口膨胀发展，城市本来就不多，又要搞城镇化道路，怎么可能有那么大的承载能力？因此，农村城市化，应该解决空心村的问题，小村庄合并成中心城镇。如果在这样的城镇中使用新的节地模型，可能会有更大的效益。

道格拉斯 国际管理工程学会专家

据我了解在美国和欧洲一些比较大的城市，是用摄像机来控制城市交通体系，这些摄像机可以监控汽车的牌照，和那些放在风挡上的电子卡。愿意使用交通干道或者状况好的道路的汽车，要为此付费，这样是很值得的。想走得快又负担得起的人，要为此付费，不想走快的人就不用付费了。这样也比较安全。并不是每个人都想开快车，都想使用交通干道和路况好的道路。在交通高峰期，愿意付费的人就可以选择交通干道和状况好的道路，让他们来承担这笔费用，而不是把所有的经济负担转嫁给所有开车的人。

陈可石 北京大学中国城市设计研究中心教授

实际上从60年代以后，世界各国已经有了很好的模式，比如据我所知，像加拿大温哥华的煤港区，就是用这种立体的，我们称为集约化的城市设计模式。它集中了很多优点，比如短行、交通的分离、人性化等，同现在的观点很接近，而且实际上都已经解决了这个问题。东京湾现在实际上也在用这种方式来解决自身的问题，在交通上处理得很好。而香港太古城广场那个局部其实也是这种模式的一个产物，从20世纪80年代开始便已经在建了。所以我认为，目前最重要的是要讨论我们每个城市是不是应该把关心的焦点放在以什么样的模式来发展，如果我们确立了一个集约化的城市空间设计的目标，我觉得就可以找到答案。

和合共赢

——深圳宝安上合村旧改项目规划设计

Harmonious cooperation creates win-win results
Renewal of Shanghe Village in Bao An, Shenzhen

吴　卫 *Wu Wei*

[摘要] 伴随着我国的城市化进程，大量的农业人口转变为城市居民，原来的乡镇和村庄变成了被城市建成区包围的“城中村”，为了改善城市整体形象和居住环境，“城中村”的改造开发也成为许多大中城市房地产开发的一个热点。本文作者分析了现阶段我国旧改项目亟待解决的共性问题，并结合亲身参与的深圳宝安上合村旧改项目规划设计，提出了一些针对旧城(村)改造项目设计的观点，走可持续发展的道路，为实现和谐社会提供一种规划设计方面的对策。

[关键词] 旧城改造、深圳、上和村、可持续发展

Abstract: *With the rapid urbanization process, large numbers of farmers are now urban residents, and the original agricultural towns and villages are now “villages in city” surrounded by urbanized areas. To upgrading the urban environment, the redevelopment of these “villages in city” becomes a hot topic of land development. By analyzing the major problems in urban renewal of such areas, combing with the example of renewal design of Shanghe Village, the author puts forward strategies towards a harmonious society and sustainable development.*

Keywords: *urban renewal, Shenzhen, Shanghe village, sustainable development*

伴随着我国的城市化进程，大量的农业人口转变为城市居民，原来的乡镇和村庄变成了被城市建成区包围的“城中村”。为了改善城市整体形象和居住环境，“城中村”的改造开发也成为许多大中城市房地产开发的一个热点。同时由于近几年我国房地产市场飞速发展，大量的土地资源被开发占用，而国家对农业用地开发建设的审批控制又日趋严格，故许多房地产开发商不得不把目光投向开发成本更高的旧城改造拆迁用地。

但是旧城(村)改造与我们建设城市新区存在着很大的差异，新区可以完全按照理想的规划蓝图进行开发建设，而目前国内的旧改项目由于经济、历史、文化等各方面的原因，普遍存在以下几个需要解决的共性问题：

1.改善室内和室外的居住环境。由于历史的原因，旧城区的居住环境在改造之前无论室内和室外都存在许多不如意，甚至是称得上恶劣的地方。比如在深圳由许多农民自建的“握手楼”组成的“城中村”。那里室内居住空间狭小拥挤，通风、采光条件极差，室外也缺乏公共活动空间，存在着很大的公共安全、卫生、消防隐患。因此，从政府、开发商、原住民几个不同的角度来看，旧改项目首先是要改善原区域的室内和室外的居住环境。

2.旧改项目往往存在着原住民返迁的二次分配问题。目前国内许多城市的旧城改造项目或多或少存在着将新开发的一部分房产补偿给原住民的情况，如何便于将这部分房产再次公平地分配是一个不能回避的设计问题。

3.由于存在着拆迁补偿、地价成本等高企的情况，旧改项目通常伴随着高容积率。笔者曾经参与过一个内地省会城市的旧村改造项目，开发商需要将容积率做到7.5才能盈利，如何在这种情况下实现空间环境质量的改善变成了一个难题。

4.旧城(村)区内往往还存在着大量传统街区、历史建筑及珍贵文物。而延续城市的文脉和历史感绝不只是保护那些上百年的文物，建国以来我们城市建设留下的大量近现代城市街区和建筑同样也是我们城市发展历史中的重要环节和基因，在其上刻画了前辈甚至自己前半生工作、生活的烙印。城市文脉的传承不应只局限于保留传统大屋顶形式的历史建筑，或是通过简单“穿衣戴帽”地建一些假古董。而应该是尽可能将代表不同时期社会文化特征的建筑保护下来，特别是建筑质量还非常不错的近代建筑。因为再过一百年，现在的建筑也将成为历史文物了……以前

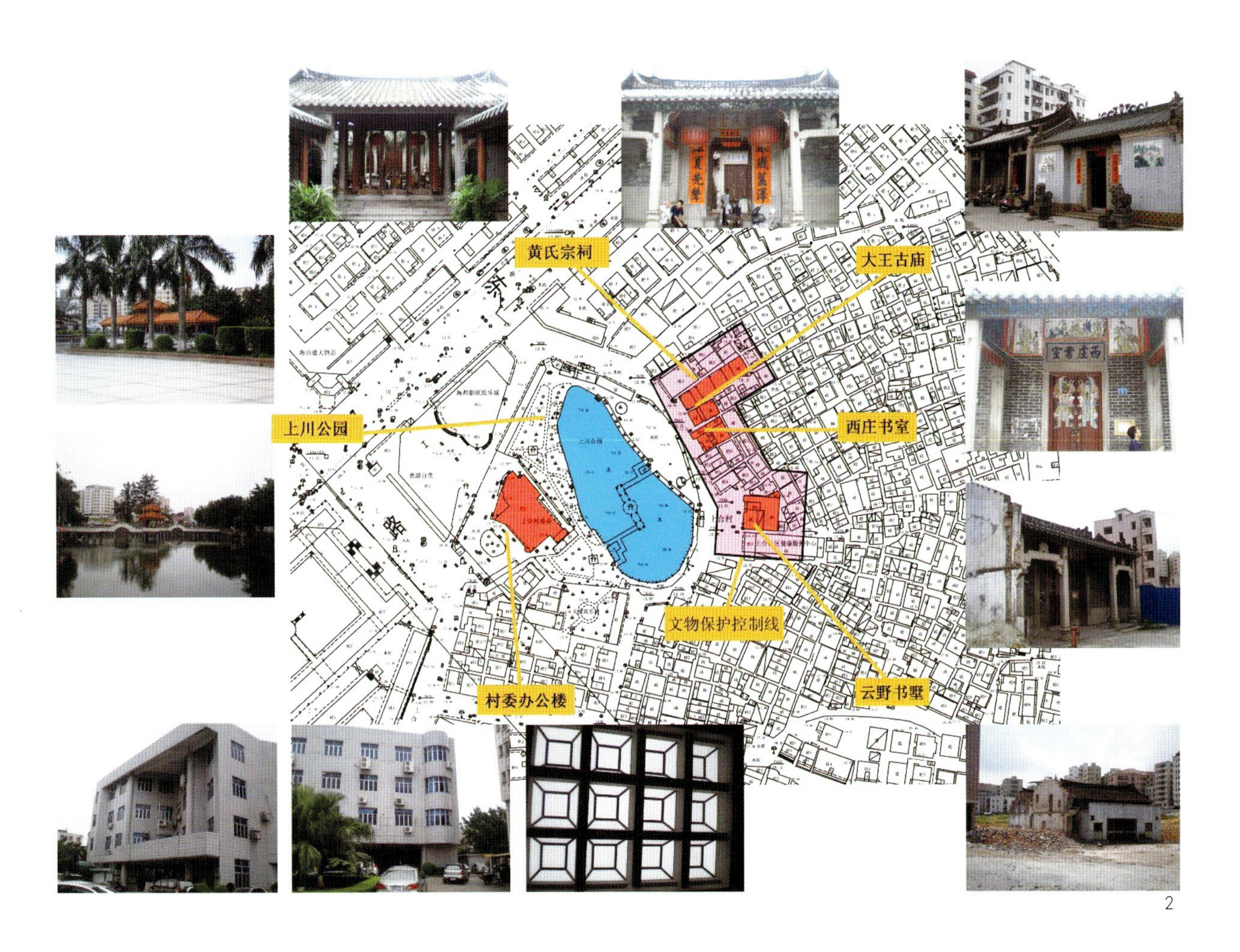

2

我们在旧城改造实践中有一个认识的误区——只有那些政府确认的保护文物才是必须保留的，其他的为了发展的需要都可以拆除重建。我们的城市化进程就是在这种“大拆大建”中丧失了城市文脉和特色。因此旧改项目尤其应该展示城市文脉的延续和保护。

5. 旧改项目与以前普遍开发的脱离城市空间环境的“花园小区”不同的是，往往又具有代表城市生活丰富性和开放性的“复合功能社区”特征。因此对于旧改项目设计尤其要考虑它建成后的便利性和公共参与性，提供丰富的公共开放空间和活动内容，特别是对于交通系统的合理组织。

总而上述，评价一个旧改项目是否成功的标准是什么呢？通常是项目能做到社会效益、经济效益、文化效益三者的统一。笔者认为在此基础上成功应体现在四个维度。首先是和谐社会，旧改项目应兼顾人与自然、政府与开发商、开发商与原住民之间和谐的利益关系；其次是满足地产开发的经济性要求，依赖于合理的产品规划，求得高容积率下的居住环境价值最大化；第三是文化传承，包括对历史文物的保护，旧建筑的更新使用，使之成为保存区域文化遗存的“方舟”；最后是富有活力，强调社区的开放与共享，富有商业人气，为城市提供尽可能多的公共娱乐场所(图1)。

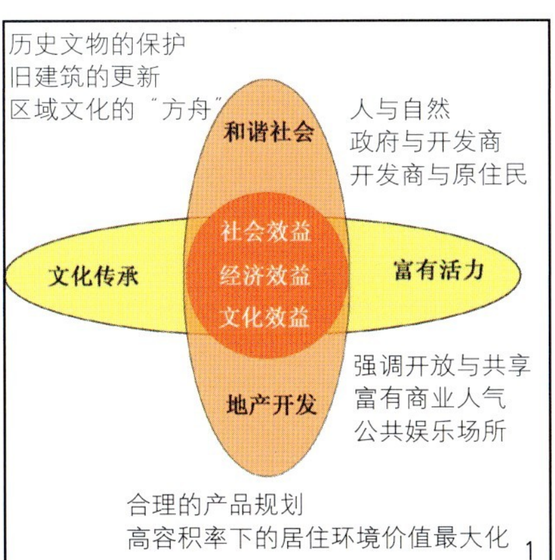

1

近期我们有机会参与了深圳市宝安区上合村旧改项目的设计投标工作并非常幸运地中标。作为宝安区第一个旧村改造项目，市政府有关领导也非常重视上合村旧改项目的进展，明确指示应在各方面予以政策支持，使之成为未来深圳“城中村”改造的成功示范案例。

上合村是宝安区新安街道办下属的一个行政村，周边由三条城市道路围合，上川东路和裕安东路均为城市次干道，新安三路为城市主干道。广深高速公路离规划区仅500m，南沙快速选线也从规划区附近通过，区位交通便捷。北部紧邻宝安公园，是旧村生态环境的良好保障。上合旧村历史久远，人文资源丰富，岭南广府民居特色显著。在规划范围内的上川公园东部，因其建筑年代较早，具有较高的文物保护价值，政府规划要求保留四处市级文物保护单位：黄氏宗祠、大王古庙、西庄书室和云野书室。它们与上川公园、风水塘(又叫月池)共同形成供村民及周边居住市民的活动、休憩、观景的文化休闲中心。在用地南侧临公园路为现有的村委会办公楼(1993年建成)，建筑质量良好，内有一中庭，按原政府规划要拆除另建。此次改造占地72740m^2，总建筑面积为216974m^2，容积率2.98，扣除其中的文物保护用地和上川公园公共绿地，项目实际容积率达到了4.3(图2)。

3.上合村项目规划平面图
4.上合村项目规划效果图
5.6.上合村项目规划庭院透视图
7.上合村项目规划住宅户型示意图

户型级配图

住宅户型均好性：
各个住宅楼之间的景观资源和朝向等方面均好；
不同住宅楼内的同等面积标准的户型在景观资源和朝向等方面均好；
不同面积标准的户型在享受的资源上还应体现一定的差异化。

	户型	户数（户）	户数比	任务要求户数
	一房一厅（45㎡）	392	19.58%	400
	二房一厅（65㎡）	410	20.48%	400
	二房二厅（75㎡）	540	26.97%	560
	三房二厅（100㎡）	314	15.68%	310
	四房二厅（120㎡）	160	7.99%	160
	四房二厅（140㎡）	186	9.29%	170
	合计	2002	100%	2000

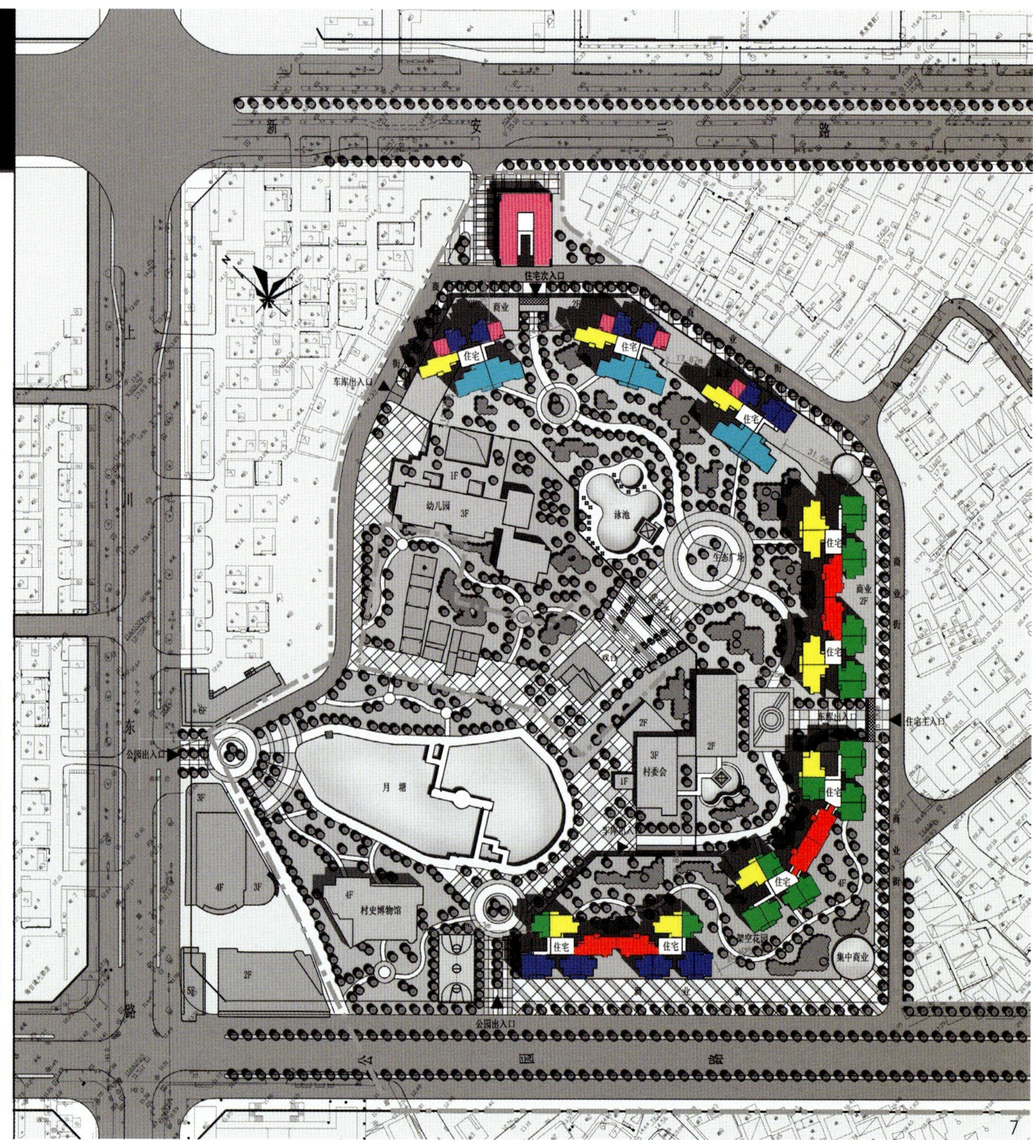

本次规划改造后总共要建15万m^2住宅，而且最终将按照各户的股份比例全部分配给村民。同时还必须再建设1万m^2的政府廉租房交给政府。另外需要建设4.5万m^2的商业，其中3万m^2为集中商业，1.5万m^2商铺。小区内还要建设一座18班的幼儿园(图10)，并根据村里的要求增加运动场、公共演出等公共活动设施。

因此我们归纳出了该项目规划设计的难点：

1.与通常商品房地产开发不同的是，对于将旧村改造后的全部住宅分配给村民的本项目，各住宅户型之间的均好性将影响最终分配方案的公平性和可实施性，所以应着重关注。

2.既要保护文物，又要改造发展，如何延续城市(上合村)的文脉？实现旧城(村)改造中的"有机更新"？

3.必须建设的1万m^2的政府廉租房对项目规划的布局、交通及物业管理提出了新的难题。

4.扣除公园及文物保护范围用地，项目的实际高容积率(4.3)如何实现景观价值最大化？

5.上川公园作为向城市开放的公园尚缺乏充足的休闲活动场地。

6.公园路的开通将极大提升项目用地的商业价值，那么如何求得商业价值的最大化？

我们希望项目规划设计最终能在住宅的均好性、景观价值最大化、提升商业价值、继承和发扬历史传统文化、提供公共开放空间以及塑造城市空间形象上做到"和合共赢"(图3～4)。

因此设计在规划布局上围绕着上川公园、新村委会办公楼和黄氏宗祠等文物保护区，通过将建筑贴边布置，以求得最大化的内部庭院空间(图5～6)，同时保证住宅楼宇之间的景观视线通畅。将1万m^2的政府廉租房布置在用地北侧靠近新安三路的出入口处，与住宅部分的物业管理、交通组织完全分开。由于其兼有东南向的朝向和西北向的宝安公园景观，加上新安三路的沿街商业展示面，小户型的廉租房实际拥有了更高的附加值，也便于最终与政府交割。沿公园路布置3万m^2的集中商业，并在用地东侧设计两层高带骑楼的商铺步行街连接公园路与新安三路，形成完整的步行商业系统。

在目前上川公园的基础上增加开放性的公共活动空间。如在新的村史博物馆东面结合公园布置篮球场；在住宅庭院规划了景观泳池；利用住宅庭院和文物保护建筑之间的地面高差设计成大台阶，必要时作为村里进行文艺演出的剧场。

本次规划我们在住宅户型均好性上突出了三个原则：各个住宅楼之间的景观资源和朝向等方面相对均好；不同住宅楼内的同等面积标准的户型在景观资源和朝向等方面均好；不同面积标准的户型在享受的资源上再体现一定的差异化，大户型还会占据较好的位置。目的就是为了减小将来在进行内部分配时的村民与村民之间、村民与村委会之间的矛盾和不公平的可能性(图7)。

本次规划设计我们尝试在传统文化的传承有所突破，我们注意到现有的村委会办公楼在原先规划中要拆除另建，其用地将改为上川公园的绿化用地。但是我们注意到该建筑1993年才建成，质量仍然非常良好，而且村里在该建筑中投入了上千万元的装修和设备费用。现在就将其拆除势必造成巨大的浪费。

我们需要延续城市的文化DNA，可以将原先质量良好的建筑加以改造翻新，并赋予其新的功能和活力，而不是简单地推倒重来地进行旧城(村)改造。故此我们设计将代表上一代上合村人奋斗历史的旧村委会办公楼保留，进行内部功能和外立面的改建(图8)。结合南方地区夏季日照强烈、炎热多雨的气候特点，我们建议将现有的村委会办公楼底层全部架空，与上川公园的绿化融为一体，并为公众提供一片可遮风避雨、休闲娱乐的活动场地。而将其二至四层改建为上合村村史博物馆，将祖先以及先辈奋斗的历史功绩记录、保护下来供后人参观，使之成为保存上合村历史文化的"诺亚方舟"(图9)。

在这个大家都心态浮躁的社会，我们以前过于片面地追求速度，挣快钱，许多城市的旧改项目都是推倒重来。就是在这种"大拆大建"中，我们的城市旧改项目变成了如同清华大学李道增院士所描绘的"追求形象工程，导致了城市结构和社会关系的扭曲与城市文脉的断裂和城市特色的丧失"。不过我们也欣喜地看到，国家新的一代领导人已经明确地提出"科学发展观"、"建设和谐社会"、"走可持续发展的道路"的未来发展方向。我们的城市领导、规划主管部门、开发商、设计研究部门，都应该在如何实现城市的"有机更新"、"可持续发展"方面有所思考和行动。

上合村项目是我们对如何进行旧城改造的长期思考后的设计实践。也许规划设计的成果还存在着许多不足，但是我们希望借此提出一些针对旧城(村)改造项目设计的观点，走可持续发展的道路，为实现和谐社会提供一种规划设计方面的对策。

作者单位：美国开朴建筑设计顾问(深圳)有限公司

8.上合村改造后的新村委会透视图
9.上合村改造后的新村史博物馆透视图
10.上合村改造新建的幼儿园透视图

世界城市的空间重构趋势

Spatial rearrangement in global cities

赵云伟 *Zhao Yunwei*

[摘要] 在日趋全球化的时代，城市的发展和变化会越来越受到其影响。当今世界的全球化进程增强了全球与地方的经济、文化和政治的联系，城市在国家经济中的作用越来越突出。其中，世界城市代表和反映了全球化对城市的深刻影响，世界城市的城市空间重构也预示了当代大城市的空间发展变化趋势。本文就此进行了集中而深入的探讨。

[关键词] 全球化、世界城市、空间重构

Abstract: *Globalization is increasingly influencing on urban development and urban changes. The globalization process reinforced economic, cultural and political bonds between the global and the local. Global city is the manifestation and result of such significant influences. The spatial rearrangement of global cities denotes the changing trends in modern metropolises. The article gives a focused investigation on this topic.*

Keywords: *globalization, global city, spatial rearrangement*

在日趋全球化的时代，城市的发展和变化会越来越受到其影响。城市的全球化主要表现为两个相互关联的过程：一是城市中全球势力不可避免地介入；二是城市自身在全球市场中的地位追求。当今世界的全球化进程增强了全球与地方的经济、文化和政治联系，城市间各种资源流动的迅速增加使得全球各城市的连接更加紧密，城市在国家经济中的作用也越来越突出。世界城市代表和反映了全球化对城市的深刻影响，同时其空间重构也预示了当代大城市的空间发展变化趋势。

一、全球化背景

随着全球化进程的日趋加速、扩展和深入，其正在成为新世纪最重要的特征之一。全球化发生在城市中，尤其是在大都市，它们正首当其冲，主动地或被动地参与着全球化的过程。世界城市变化的一个主要表现就是城市本身与全球的联系日益密切。日渐完善的生产、市场、金融、服务、信息、文化和政治等全球体系逐步在空间上将全球各个城市相连。因此，全球经济、技术和文化的变革对全世界的城市变化起着至关重要的作用。

20世纪90年代，国际互联网的迅猛发展改变了人们的生活方式，加速了经济全球化的进程。以信息传播为核心的技术进步促进了全球通信体系和网络的发展。其不仅促进了国际贸易的增长，也推动了全球金融体系和服务产业的发展。跨国公司既是经济全球化的主体，也是信息技术革命中的主角。在信息技术革命的背景下，新技术和新知识的不断出现，促进了跨国公司凭借其专属优势，进一步开发世界各地的有利资源和市场，在全球范围内进行生产和销售活动。

城市的空间形态以其独特的方式记录着城市自身发展的历史脉络。不同时代、不同的经济发展水平和不同的文化背景会演变为不同风格的城市形态，因此全球化的进程也必然对城市的社会和实体空间产生巨大的影响。城市空间重构则正是在全球化的影响下，城市产业结构重组、社会结构变革和实体空间变化的综合体现。

二、世界城市理论

目前公认的世界城市的定义主要可以概括为以下特征：

1. 指挥和组织世界经济活动的控制中心
2. 金融和专业生产性服务业的主要场所
3. 生产和创新的地点，持续创造科技和文化成果
4. 全球交通及通信网络的节点
5. 国内和国际移居的目的地

世界经济体系的运行是由世界城市指挥和控制的。尽

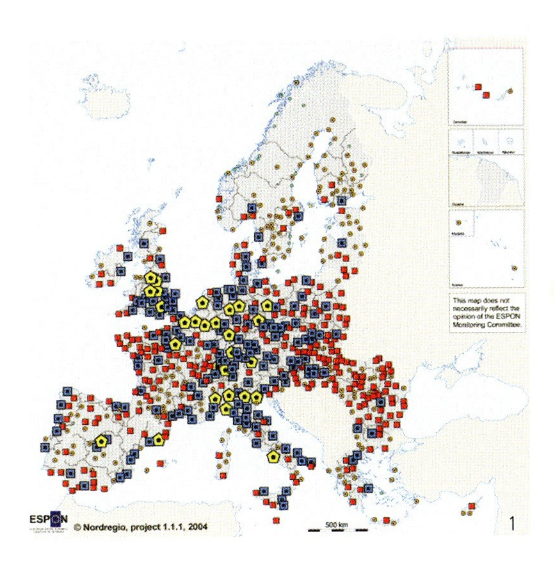

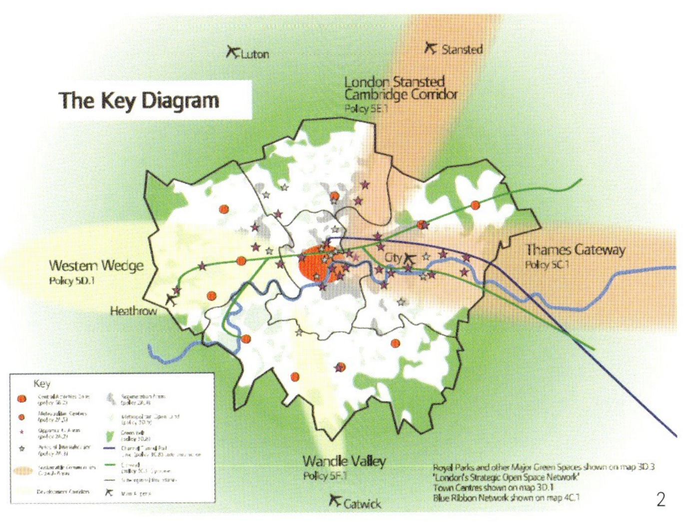

1.欧洲空间发展战略——巨型城市和城市群规划

2.伦敦空间发展战略——新城和空间走廊规划

管制造、金融和服务机构规模在不断扩大并延伸到全球范围，但这些机构的总部越来越集中到少数世界城市，从而提高了这些城市的世界地位。世界城市是全球制造生产、金融贸易、生产性服务和电信网络的控制、指挥和管理中心。因此，其重要性不仅在于作为大国首都的规模和地位，而且在于它们对外延伸的经济实力。纽约、东京和伦敦正是具有这些指挥和控制功能的世界城市。东京是跨国公司和银行总部最集中的城市，拥有世界前100名公司和银行共计31个。纽约和伦敦则紧随其后，分别拥有16个和8个。以上数据充分说明了世界城市的指挥和控制作用。

世界城市中，金融和生产性服务业的增长创造了许多高收入的就业机会。但经济因素并不是跨国金融机构和生产性服务业集中在少数世界城市的惟一原因。拥有完善而丰富的社会文化基础设施同样至关重要。多元的城市文化更使世界城市具有无比的吸引力。全球化的过程加强了全球范围各民族之间的联系，民族的全球流动使文化的多元化成为可能。1997年，36.1%的纽约市人口是在国外出生的。伦敦少数民族人口的比例则超过了总人口的16%。事实上，民族特色并不一定是一个固定的模式，而是一个再创造的过程。另外，世界城市的文化、休闲、旅游和娱乐活动功能同样不可或缺，它们已经成为了城市经济新的增长点，如剧场、音乐厅、博物馆和美术馆、餐厅和酒店等。完善而丰富的社会文化设施是吸引投资和工作的必要条件。

三、城市空间重构

1.巨型城市的出现

21世纪是巨型城市的世纪。根据联合国的报告，未来50年全球的城市人口将会增加一倍，人口总量将突破90亿，千万人口以上的城市将超过30个。巨型城市是全球化和人口高度集中的产物，在全球城市体系中发挥着重要的作用，且其正在从单一中心模式向网络结构发展，从而逐步形成城市群。近年来城市群在世界各国的快速发展印证了这一集中化过程。英格兰东南地区、荷兰的鹿特丹、德国莱茵河谷上游地区、美国南加州地区等等，都是这方面的典型实例(图1)。

巨型城市空间结构发生变化的根本原因在于生产空间的重组引起城市中劳动力地域结构的相应变化。现代信息技术的发展使城市居民的工作、教育、生活、购物、就医、娱乐等打破时空限制，大大地拓宽了城市的活动空间，使城市得以延伸其各种功能的地域分布，甚至带动整个区域的发展，城市空间布局结构也呈现扩散化趋向。在技术进步和市场作用的共同推动下，大城市将信息和产品的交换范围扩展到其周围数百公里，人们的工作流动和信息流动又促进了城市经济的相互依赖和网络化的增长。受大都市的辐射作用，中心城市的周围逐步发展出次中心城市和新城。这种“大集中小分散”的地域发展格局是巨型城市和城市群的主要特点。

2.新城的蓬勃发展

世界城市产业和人口的外迁和分散，导致城市外围出现了一些新的以不同产业为主的区域城镇群体，使中心城市的功能结构得到纯化，同时也使得大城市的市区和边缘地区的边界变得越来越模糊。在20世纪下半叶，郊区城市化进程加速，形成了新的城市形态，即新城的出现。

在城市郊区出现的许多综合规划的工业园、办公园和购物中心，构成了新城的重要组成部分，并带动了城市就业岗位的全面变化，促进了郊区工业和商业的发展。园区充分利用各种优惠的条件，形成了规模经济，降低了成本，与市中心形成竞争关系。园区的建设集科研与生产为一体，并且有充足的土地和便捷的交通条件，经过精心规划，集中开发，刻意形成悦人的景观和生活社区气氛，以吸引跨国企业以及中产阶级和技术人员的进入。新城为中心城市提供了更多的工作岗位，使居民不断从市中心迁出。它们彻底改变了人们对传统郊区的看法，也改变了人们对现代大城市本质的认识。高科技产业在郊区的集中，不仅仅令大城市周围的卫星城得到进一步发展，而且为发展新的城市创造了条件。这种变化过程并非简单的城市蔓延，更不同于20世纪60年代大规模出现的单一以居住为主要功能的卫星城。大城市的城市空间不仅向中心城市四周延伸，而且覆盖到大范围的区域内，形成相互依存的网络，这种城市重构现象也被称为后郊区化(图2)。

3. 中心城区的复兴

随着全球经济进程的进一步加快，世界城市需要更高质量的协调与合作，这就要求城市各种功能在中心区域重新融聚。跨国机构和生产性服务业在市中心的进一步集聚，丰富了中心商务区的功能，为城市中心区的改造提供了条件。世界城市的集聚化趋势则促使了中心地区的进一步发展和繁荣，使世界城市的中枢功能更为强大，从而从根本上促进了中心城区的复兴。

随着市中心建设和发展压力的增强，城市副中心的建设也在大规模开展，从而使大城市走向多中心：

(1) 新的商业副中心：往往位于城市中心区的延伸部分，填海区或码头区（如伦敦、阿姆斯特丹、纽约、多伦多、香港、东京等）；

(2) 大都市副中心：靠近近郊区的交通枢纽，作为新的市中心（如伦敦南部的克罗伊登、巴黎西北部的德方斯等）。

城市中心城区的复兴从根本上讲是政府行为与市场行为合作的结果。大城市中原有生产用地和生产用房的使用率下降，导致内城部分地区的衰落。为加强城市的吸引力，保持城市的国际竞争力，城市政府实行了有目的的财政优惠政策，进行了国家集中投资，刺激了市中心地段的繁荣，如伦敦的道克兰、纽约的巴特利花园、汉堡的港口仓储区改建等。中心区环境的改善，及其所创造的多元化的社会文化气氛，也刺激了富裕阶层重新回到中心区居住的欲望，从而导致绅士化的兴起。富裕阶层重新塑造了城市中心的邻里社区，替换了低收入的群体。客观上改善了原来破旧的住宅面貌，促进衰败地区的环境改善和房地产的升值（图3）。

四、 结语

全球化使世界范围内的城市都面临新的机遇和挑战。全球经济体系的建立、新经济的出现，以及高速发展的现代信息技术为城市的发展提供了全新的发展机会。与此同时，城市在全球范围内也面临越来越激烈的竞争。为了城市的发展和增长，参与全球经济活动显得日益重要。城市发展政策的制定不仅要针对国内，更要面向全球。其必须综合考虑与国家、国际等多种因素的合作与协调，因此，城市与区域的整合是必然的。

作为世界经济的指挥和控制中心，世界城市首当其冲地体验着这一趋势。资本、企业、人才和观念的变化，从内部促使了城市形态的转化。世界城市的空间重构现象，预示着未来大多数大城市的发展变化趋势。

作者单位：五合国际（5+1WERKHART）建筑设计集团

第二届可持续住宅国际建筑设计大赛

The Second International Architectural Design Competition on Sustainable Housing

2006年10月2日世界建筑日当天，Living Steel发起了第二届可持续住宅国际建筑设计大赛。大赛的主旨是通过建筑设计创新来满足住宅可持续发展的需求。通过鼓励建筑师创新性地发挥钢材的优势，为住宅提供高效并具经济性的解决方案。

大赛的总奖金额为30万欧元，是世界上规模最大的建筑设计赛事之一。三家获胜单位将获得50000欧元的奖励，其余15家入围单位将获得10000欧元的奖励。

至报名截至日期2007年1月19号，全球共有88个国家1100多家建筑设计单位报名参加这次竞赛。作为中国地区惟一参加Living Steel项目的钢铁企业，宝钢负责组织了针对中国地区示范工程的竞赛活动，国内共有90余家知名设计院所报名参加了这一赛事。大赛组委会根据参赛单位的创新性、可持续发展理念及建筑设计与环境、市场的适应程度评选出18家单位参加设计竞赛，分别为中国、巴西和英国设计全新概念的住宅建筑。入围中国地区设计竞赛的六家单位分别是：

Anderson Anderson，美国

Atenastudio+city Forster，意大利和荷兰

清华大学建筑学院，中国

中国建筑西南设计研究院，中国

David Knafo和Tagit Klimor，建筑和城市规划，以色列

NArchitects，美国

入围单位的参赛作品由国际建筑师协会（UIA）批准的独立的评委会进行评审。评委均由国际知名建筑师担任，除了中国建筑大师崔恺以外，还包括Glenn Murcutt，Charles Correa，James Berry，Andrew Ogorzalek，Roberto Loeb和Jaime Lerner。

2007年9月，Living Steel第二届可持续住宅国际建筑设计大赛的获胜方案最终公布。以色列建筑师David Knafo和Tagit Klimor凭借为中国设计的钢结构建筑－农业生态住宅（Agro-Housing）获得大奖。

农业生态住宅（Agro-Housing）的理念展现了一种新的城市社会观。通过创立居住环境的新秩序，化解城市化进程中出现的无序问题。农业生态住宅是住房和城市农业的组合。建筑由两部分组成：公寓住宅主体和垂直温室。温室是用于栽培蔬菜、水果、花卉和香料等农作物的多层结构，配备了滴淋灌溉系统和自然通风及升温设施。

农业生态建筑对传统社区价值观的保留有积极意义。在全球一体化及城市移民时代农业生态建筑极大地促进了可持续发展理念，并大幅减轻环境负担。

评委Ogorzalek先生说："由David Knafo和Tagit Klimor为中国设计的获奖作品，采用了颇具价值的温室空间作为高层高密度建筑的主体部分，使传统的公共空间模式适应高层布局的需要，因而得到了评审团的一致赞赏。评审团认为他们的设计方案，为如何在高密度的城市环境中营造传统的可持续发展社区提供了一个建筑展示标本。这一方案充分合理地利用了钢框架结构，为灵活使用空间提供了一个开放性的方案。"

获胜方案：农业生态住宅

Winner: Rural ecological housing

设计方：Knafo Klimor Architects，以色列

“在高楼林立的都市环境中为住户提供传统的公共种植空间”

一、设计理念

根据联合国报告，2010年将有50%的中国人口涌入城市。如此巨大的从农村向新兴城镇的人口迁移将引发文化的、社会的危机，现有传统和遗产的丢失，以及大量的失业。大规模的城市化将造成社区的混乱和无序，水和能源等自然资源的耗竭，将使城市设施和交通系统不堪重负，将使土壤和空气污染变得越发严重。

农业生态住宅(Agro-Housing)的理念展现了一种新的城市社会观。通过创立城市的，更具体地讲，居住环境的新秩序，来化解城市化进程中出现的无序问题。

农业生态住宅是一个高层公寓与公寓内垂直温室相结合的项目。其真实想法是创造一个根据住户的能力、口味、选择生产他们自己的农作物的空间，一个能让他们享受更多独立、自由和增加额外收入的家。

二、优选特色

将每个楼梯或电梯筒周围的四个公寓集合在一起创造空间收集雨水和作为花园用地，有助于增加建筑的可持续性。

这简单的矩形箱体代表着一幢建筑有一个生态保护层，使之达到有效节能和优良的保热系数。

为了节省新住户的费用，在推向市场时，各个公寓间拥有开阔的空间，这样方便根据住户的喜好进行变化。根据住户的家庭需求和预算，可以对房间进行改造，如增加卧室或工作空间，决定浴室的尺寸和质量，以及厨房的开放程度。

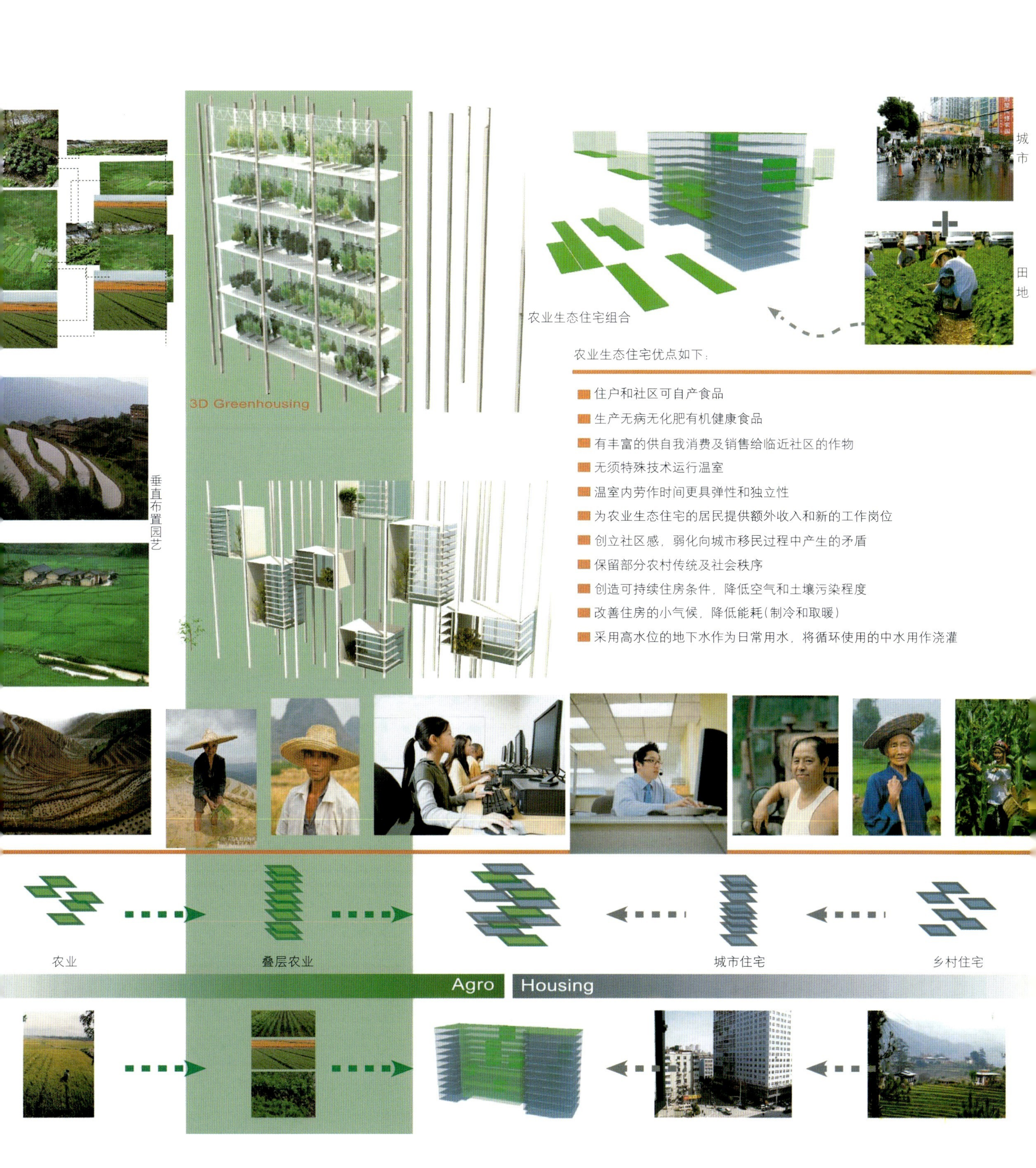
3D Greenhousing
城市
田地
农业生态住宅组合
垂直布置园艺
农业生态住宅优点如下：
住户和社区可自产食品
生产无病无化肥有机健康食品
有丰富的供自我消费及销售给临近社区的作物
无须特殊技术运行温室
温室内劳作时间更具弹性和独立性
为农业生态住宅的居民提供额外收入和新的工作岗位
创立社区感，弱化向城市移民过程中产生的矛盾
保留部分农村传统及社会秩序
创造可持续住房条件，降低空气和土壤污染程度
改善住房的小气候，降低能耗（制冷和取暖）
采用高水位的地下水作为日常用水，将循环使用的中水用作浇灌
农业
叠层农业
城市住宅
乡村住宅
Agro
Housing

温室

温室是用于栽培蔬菜、水果、花卉和香料等农作物的多层结构，配备了滴灌系统和自然通风及加热系统。垂直种植空间可为家庭及小区提供种植新鲜农作物的场地，从而减少长途运输，创建城区可持续生活所需的和谐、友好环境。

温室

垂直种植空间可为家庭及小区提供种植新鲜农作物场地，从而减少长途运输，创建城区可持续生活所需的和谐、友好环境。

从内庭看到的温室

温室图

西南方向楼顶图

温室/中庭图

建筑和材料

结构：农业生态住宅结构将采用10m X9m格栅的钢柱和钢梁。在楼板柔性层上浇筑5cm厚混凝土。该轻钢结构可预制并现场安装。采用混凝土楼梯加强结构的刚度。这个预制钢结构系统会在建筑物内产生灵活的空间设计，将有助于实现该项目的可持续性。在将来的某一天该房屋废弃时，易于回收利用。

外墙面：外墙面可用格栅模块预制。熠熠生辉的釉面砖尺寸相同，其他外墙面使用一种可持续材料——赤土色瓷砖。

涂层：建筑物材料的选择要充分考虑材料热性能和房屋报废时的可回收性。

隔热性：使用结构上绝缘的面板是决定建筑物能效和今后降低能源花费的关键。

建筑物废弃时：建议用于工程建设的大多数材料，如钢、铝、釉面砖等可被回收利用。

apt.3B
apt.3C
apt.4C
apt.4C
apt.3A
apt.4C
apt.4A
apt.3A
apt.4A
七层平面图
apt.3B
apt.3C
apt.4B
apt.4C
apt.4C
apt.3B
apt.4A
apt.3A
apt.4A
六层平面图
apt.3B
apt.3A
apt.4C
apt.4B
apt.4C
apt.3B
apt.4A
apt.3A
apt.4A
三层平面图

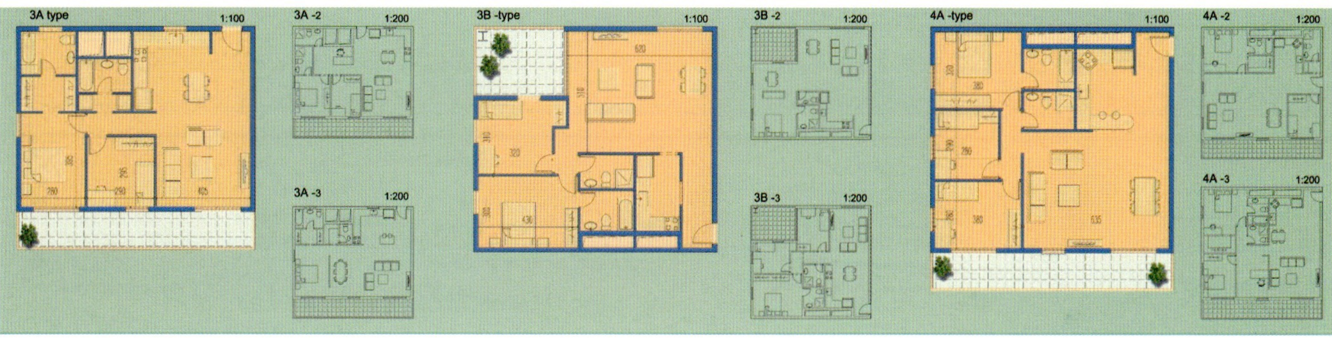
3A type
1:100
3A -2
1:200
3A -3
1:200
3B -type
1:100
3B -2
1:200
3B -3
1:200
4A -type
1:100
4A -2
1:200
4A -3
1:200

入围方案一：交错居住

Nominee No. 1: Interwoven residence

设计方：清华大学建筑学院，中国

“为传统中国式大家庭提供更多的选择”

一、设计理念

中国是世界上人口最多，同时土地资源又相对稀缺的国家。中国政府正采取一系列措施，鼓励节能省地的小户型建筑项目。本项目旨在寻找一种钢结构住宅模式，发挥钢材的优势，为更多住户提供住宅空间，同时改善人们的居住环境。

二、设计特色

错层式内走廊住宅：此建筑有一条长廊贯穿其中。每个住宅单元包含两层地板，由一段室内楼梯连接。通过这种错层处理，每个单元都能贯通南北，从而获得足够的采光和通风，整栋建筑也可以获得很高的利用效率。

交错桁架钢结构体系：该结构体系已有将近40年的研究和实践经验，采用这种结构不仅更经济、更省时，而且更加灵活。交错桁架体系包含一个同层高的跨越整个建筑宽度的桁架。桁架沿横墙方向，在楼层与相邻跨度之间采取隔层各间的交错布置方式。这种体系与预制板一起，不仅实现了理想的较低的楼层高度，而且实现了平滑的地板和顶棚效果。桁架和预制板组合体系提供了一个安全有效的结构系统，可以抵抗重力和侧向负荷。

A户型标准层设计及其多种适应性

选择(1)：标准

客厅、餐厅和厨房位于入口层；其他更私密的空间包括2个卧室、浴室和盥洗室位于建筑的上/下复层。

选择(2)：针对年老和残疾人士

与父母住在一起是众多中国家庭的一大特征。对于这种情况，可以在入口层设卧室、浴室、厨房和餐厅，这就为老年人的日常生活带来了便利；而年轻夫妇的卧室和起居室则安排在上/下复层。

选择(3)：针对较少家庭成员

如果孩子成人后搬出去，那么父母还可以局部去除楼板减少一个卧室。这样客厅就可以占据两层楼的空间，高度5.4m，从而使住宅获得更好的通风和视觉效果。

选择(4)：开放公共空间

为了获得更好的居住质量，可开放1个或几个住宅单元，用作露天花园、小咖啡厅或其他的公共空间。这些开口还有助于内廊的自然照明和通风。

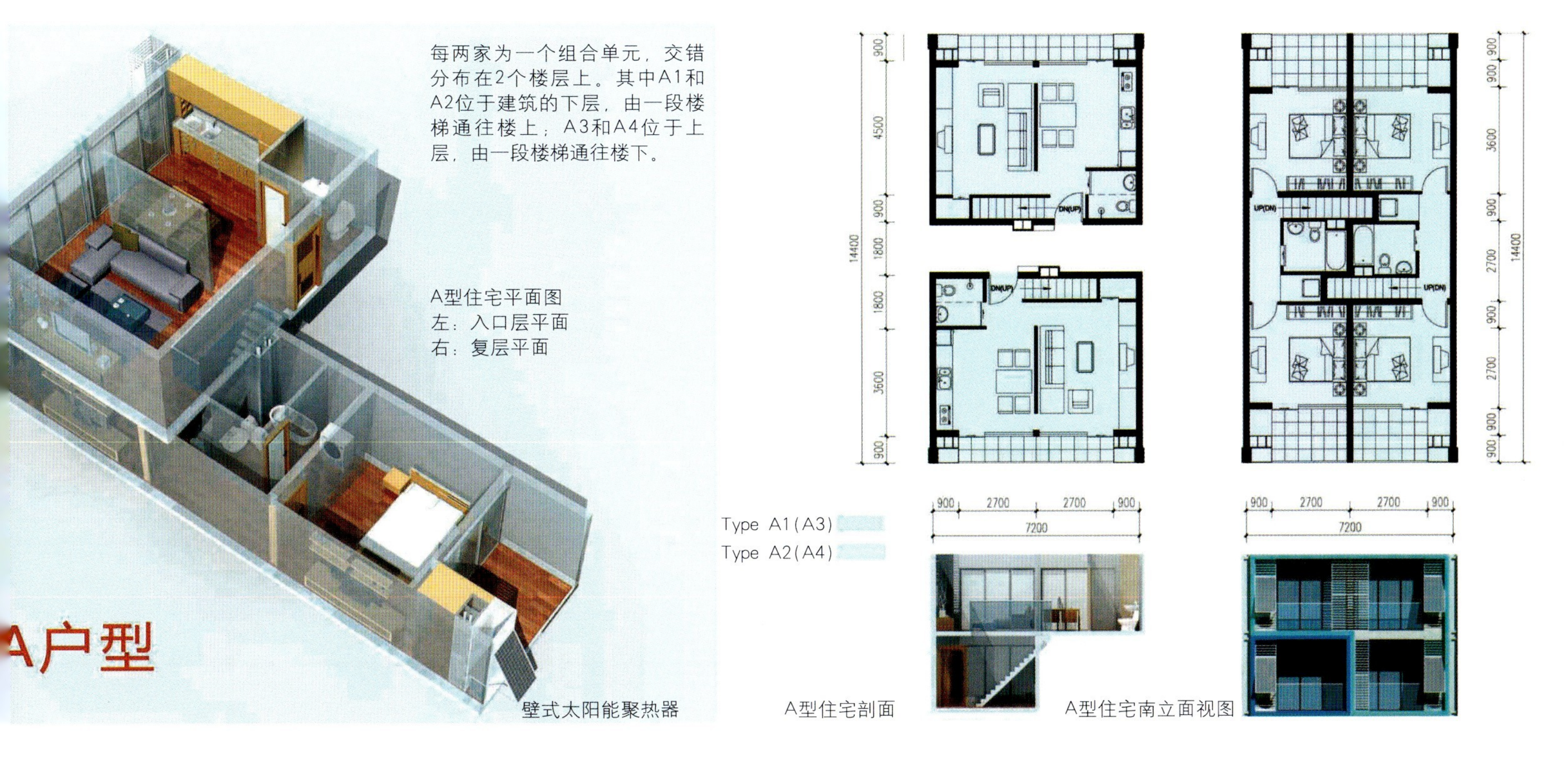
每两家为一个组合单元，交错分布在2个楼层上。其中A1和A2位于建筑的下层，由一段楼梯通往楼上；A3和A4位于上层，由一段楼梯通往楼下。
A型住宅平面图
左：入口层平面
右：复层平面
A户型
壁式太阳能聚热器
Type A1(A3)
Type A2(A4)
A型住宅剖面
A型住宅南立面视图
900
2700
2700
900
7200
14400
DN(UP)
UP(DN)

B户型住宅设计及其多种适应性

选择(1)：标准型

客厅、餐厅和厨房位于入口层；其他更私密的空间包括2个卧室、浴室和盥洗室位于建筑的上/下复层。

选择(2)：针对年老和残疾人士

为老人/孩子准备相对独立的区域，包括入口层的一个卧室和一个浴室。这样，两代人就可以既享有个人的独立空间，同时还可保持相互联系。

选择(3)：开放公共空间

开放一个B户型单元，可以创造一个贯穿3个楼层的公共空间。

选择(4)：作为青年公寓

一组B型单元可以改造成一组10间青年宿舍，占用3层，2~4个房间共用一个浴室；外加一个共用起居室与厨房餐厅，利用交错桁架体系提供的大面积无柱空间，青年们可以在此聚会、交流以及运动健身。

C户型住宅设计及其多种适应性

选择(1)：标准型

此类型住宅全部集中在一个楼层，客厅、餐厅和厨房都靠近单元入口端，而更私密的空间则安排在里端。

选择(2)：针对居住人数增加的情况

通过占用一部分阳台空间，此类住宅可为家庭未来增加的人口提供卧室需要的空间。

每四家为一个组合单元，分布在3个楼层上

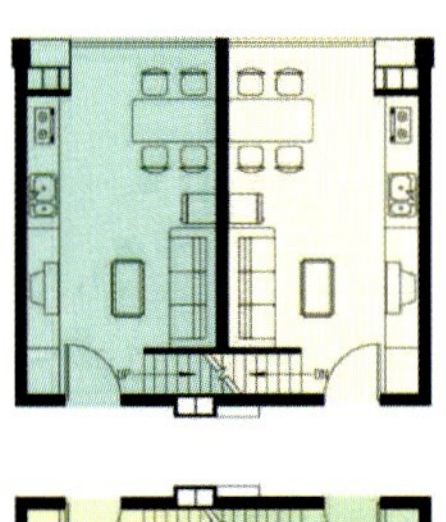

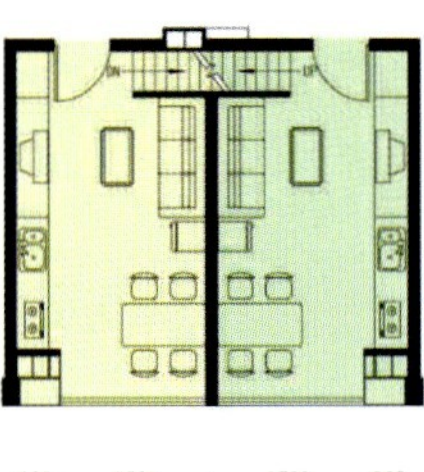

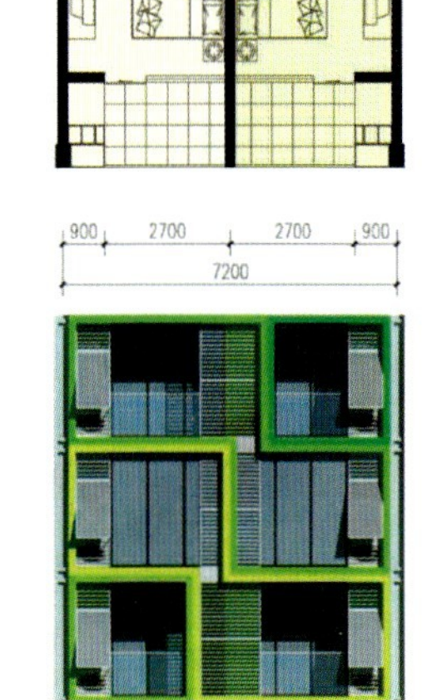

B型住宅剖面

Type B1
Type B2
Type B3
Type B4

B型住宅平面图
左：上复层平面
中：入口层平面
右：下复层平面

B户型

B型住宅剖面

B型住宅南立面视图

单元面积数据

（单位：m^2）

DT	Number	$Area_I$	$Area_B$	$Area_T$
A1	6	77.76	9.72	87.48
A2	6	77.76	9.72	87.48
A3	6	77.76	9.72	87.48
A4	6	77.76	9.72	87.48
B1	12	61.56	6.48	68.04
B2	12	61.56	6.48	68.04
B3	12	61.56	6.48	68.04
B4	12	61.56	6.48	68.04
C	20	69.66	16.2	85.86
Average	–	–	–	76.98
Total	92	7082.64		

AreaI：住宅单元内面积，以墙中轴线距离计算

AreaB：住宅单元阳台面积的50%

AreaT：住宅单元总面积，等于AreaI+AreaB

C户型

位于建筑的两头，所有的房间都分布在同一个楼层

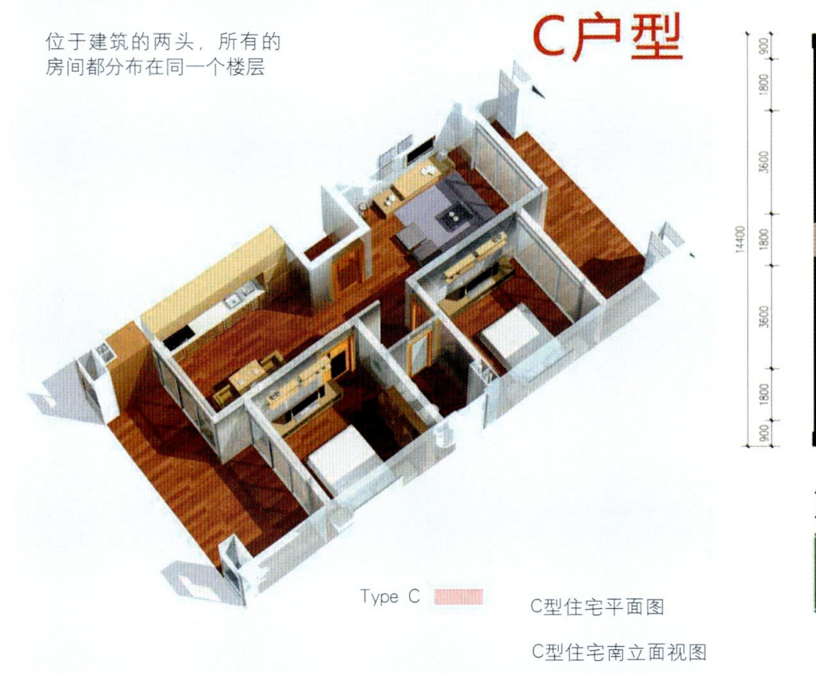

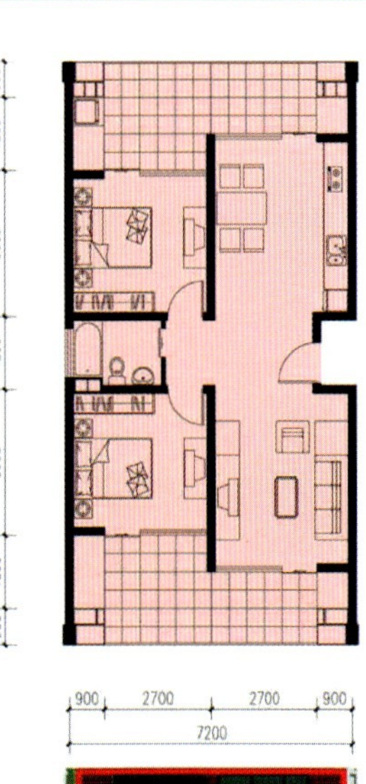

Type C

C型住宅平面图

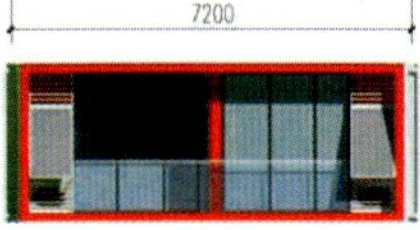

C型住宅南立面视图

1. 建筑节能：将整个建筑和每个住宅单元的外墙数量降到最低。

2. 冷却/加热：由地源热泵提供分户控制性的空调系统。

3. 热水：分户控制的壁挂式太阳能集热板位于阳台，以部分满足如盆浴、淋浴以及其他家庭用热水要求。

4. 夏日遮阳：大多数外墙玻璃都退后在阳台以里，伸出的阳台板可以遮住夏日阳光。

5. 通风：每个错层住宅户型都可通达建筑的两侧，因此具有很好的自然通风效果；此外，对于顶层和底层，还进行了地面/屋顶的通风和种植设计。

6. 建筑材料：借助于耐火、耐候钢的使用，可减少不可回收材料的使用。

生态设计与环境

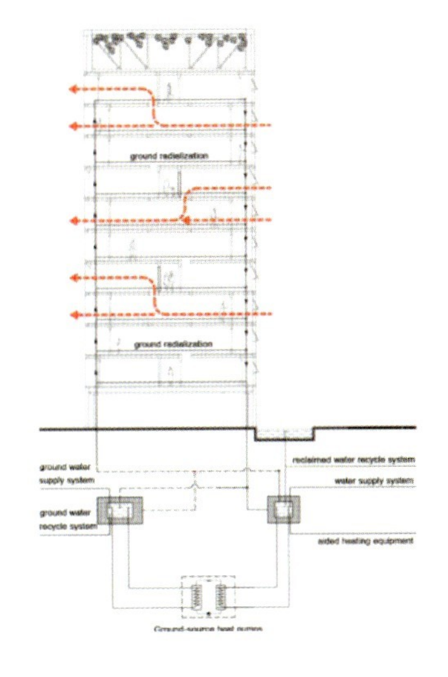

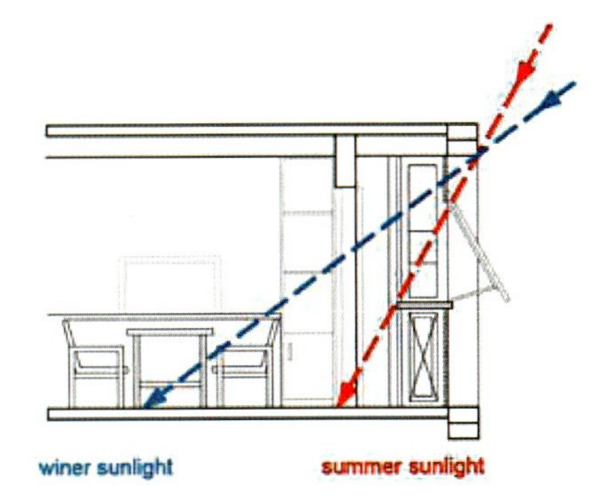

错层公共空间

通过将部分住宅单元改造成咖啡厅、健身房、图书馆、会议室或露天花园，可以为居民提供更多的公共空间，同时，也为内廊带来更好的照明和通风效果。

入围方案二：空中花园

Nominee No. 2: Air garden

设计方：Atenastudio city Forster，荷兰&意大利

"提供能利用当地预制技术的简洁结构体系"

一、设计理念

由于城市差异以及不同规划所造成的建筑尺寸差别，造就了建筑体系成分的千变万化。该方案旨在开发一种适合中国市场的"可持续性"的住宅形式，同时这种住宅形式要比单调的板式都市建筑富有竞争力。该设计方案不仅具备生态学意义上的可持续性，同时也兼据经济学和社会学角度上的可持续性。

二、方案特色

结构体系：在该结构体系中，尽量使钢构件处于最有利的受力状态——受拉状态下，同时结构布置尽量简单，这使才能将样板住宅应用于不同的城市中。

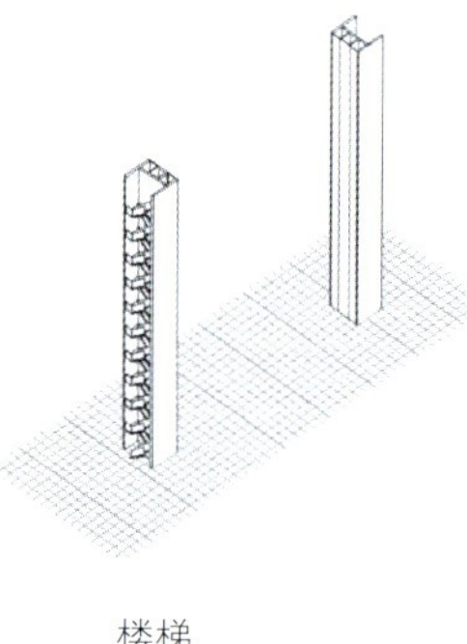

楼梯

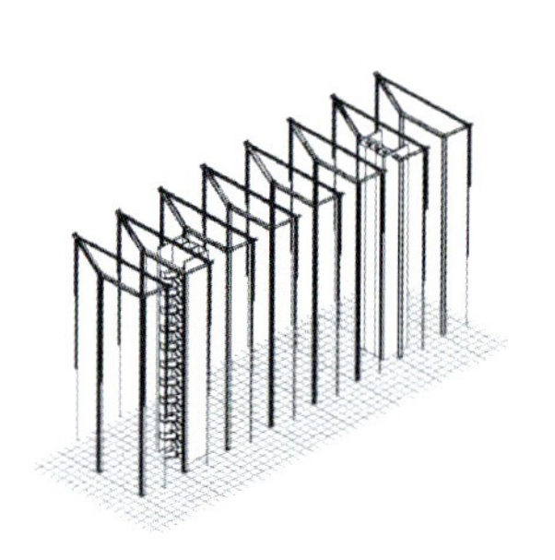

初步结构

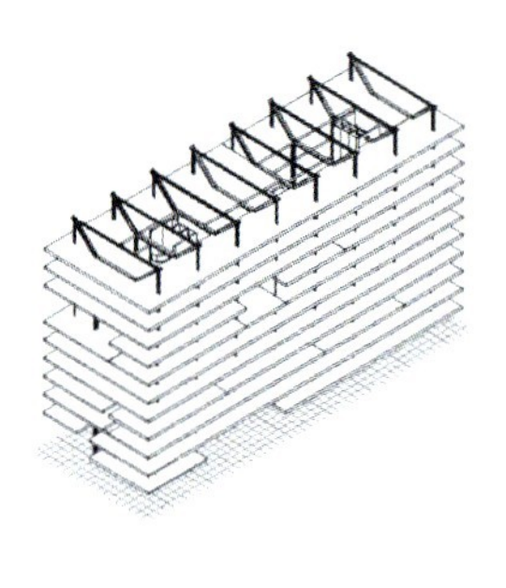

楼层

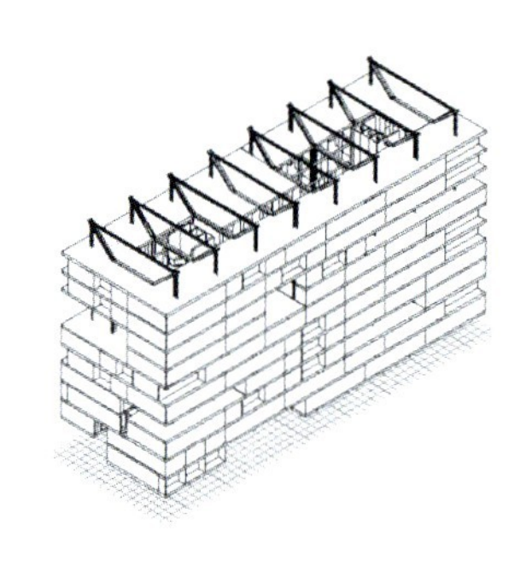

楼体

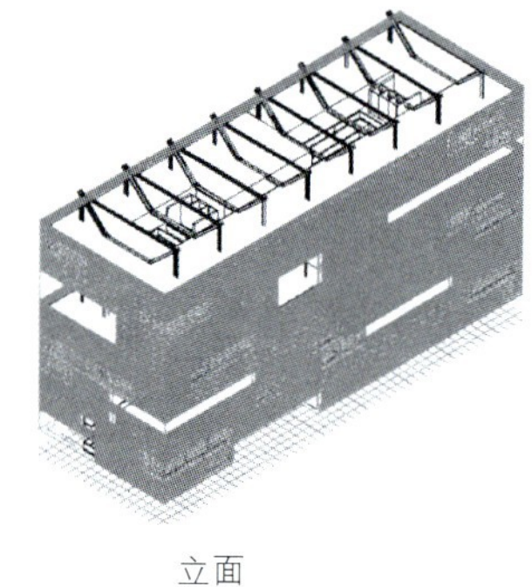

立面

结构体系

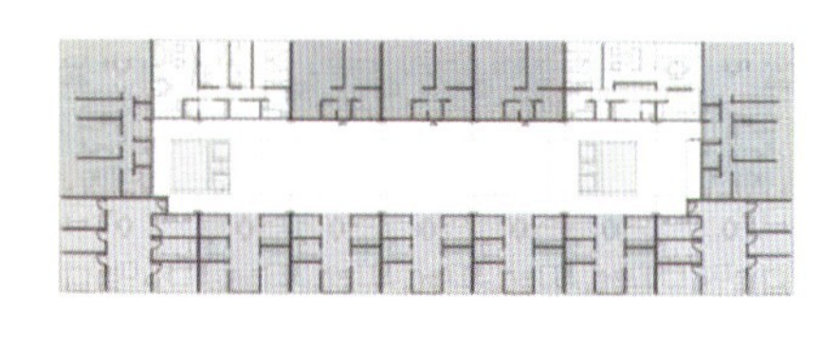

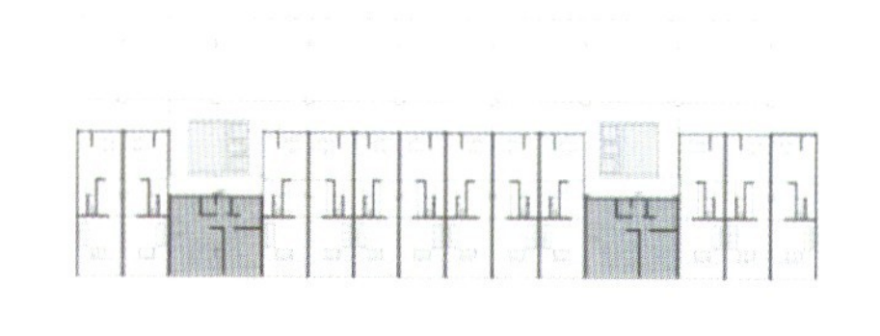

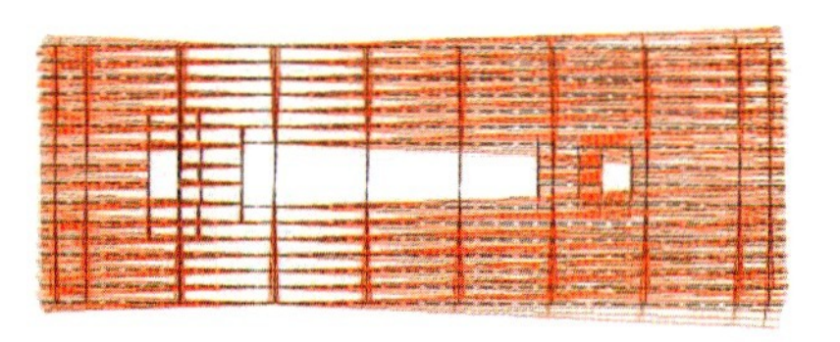

对称结构

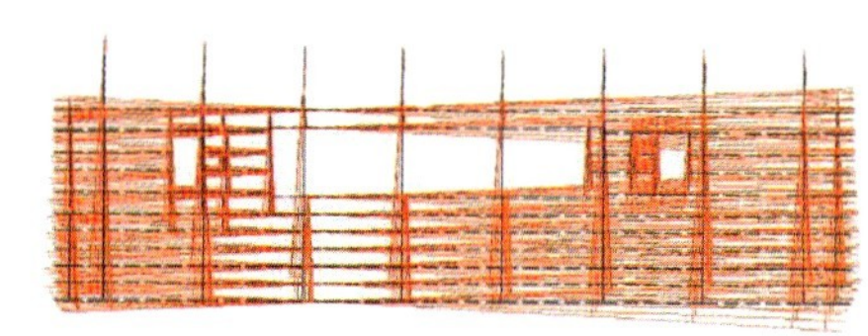

不对称结构

流通体系：利用楼厅入口将两个独立的楼梯衔接起来，这样不仅创造了次逃生路线，同时也可以使平面布置更加灵活。

两种建筑布局：这两种布局可以在各种可能的外形轮廓下混合使用。

三个具有不同空间特性的单元：它们组成一个栅格单元，而栅格单元可以根据变化多端的市场需求自由组合。

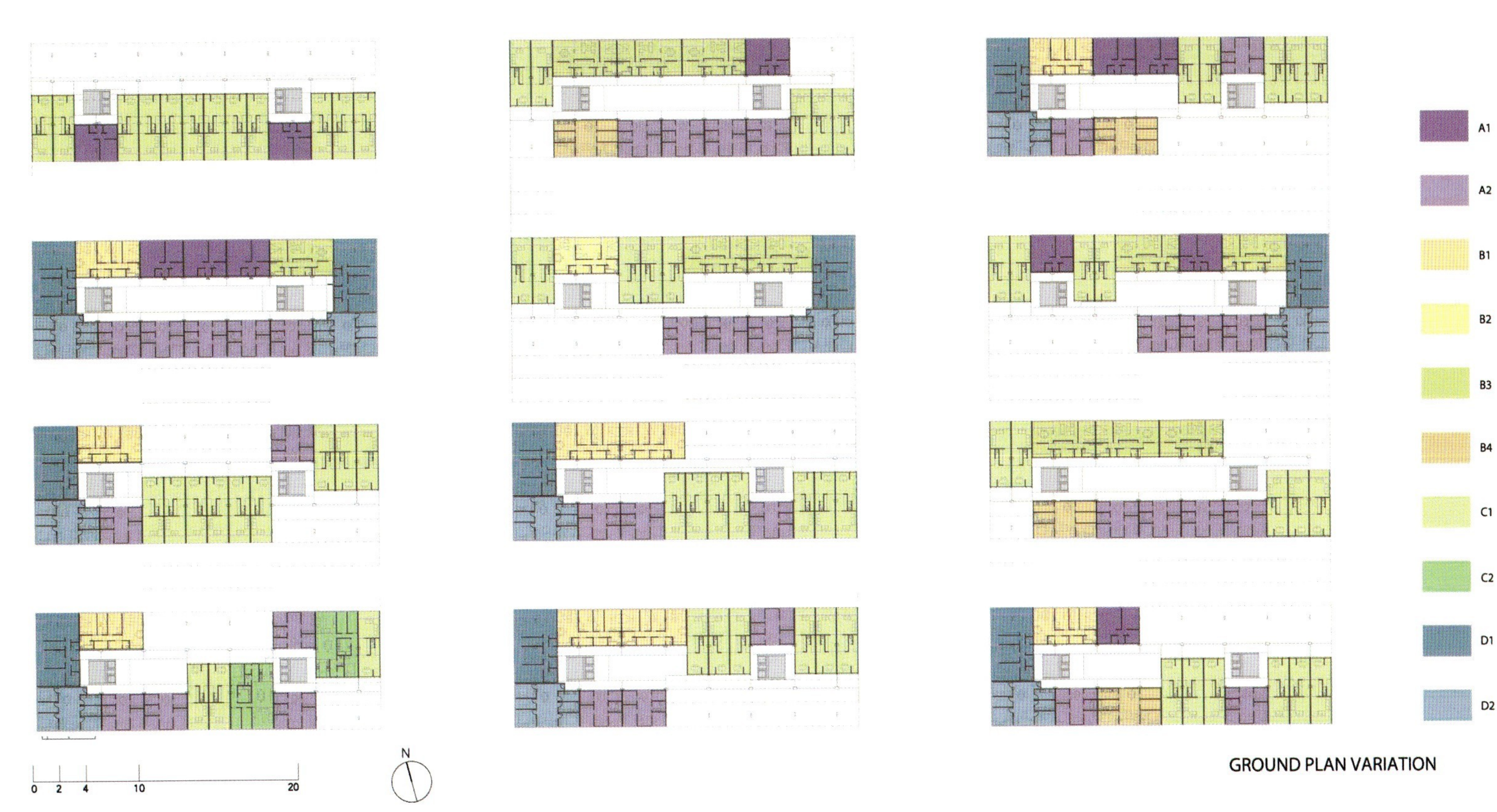

整个建筑的面层，具有多种功能，包括美学意义上的、功能性的、生态学意义上的以及住户展示建筑的实际外观。

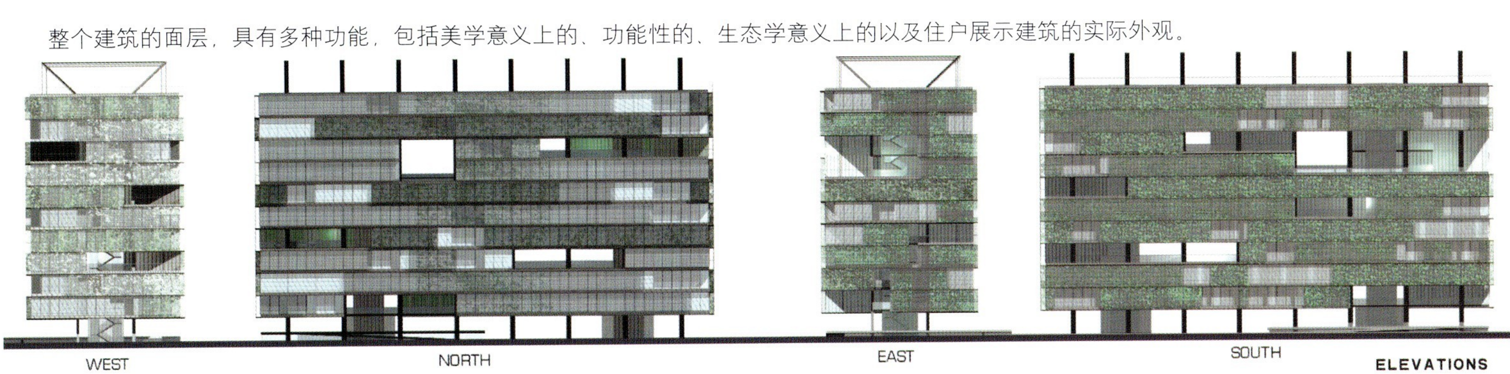

ELEVATIONS

外表面

入围方案三：适宜居住的住宅设计方案

Nominee No. 3: Livable housing project

设计方：中国建筑西南设计研究院，中国

“为了能最大限度满足人们居家生活和日常活动的需要”

一、设计理念

应用“通用设计”原理，利用钢结构技术系统，制造一种节能建筑，以满足客户的各种需求以及在使用过程中不断变化的要求。由于这种建筑的结构和性能的灵活性，我们称之为“适宜居住的住宅”。

高度产业化、短暂建设周期、高强度、轻重量、最少的结构元件、高抗地震性能赋予了钢结构生命的特征——成长、衰退、消亡、再生。当我们把这些特征引入到住宅建筑时，这些房屋就有了其形状和功能。

当所有的房屋都具有生命时，整个社区就成了一个有机整体，我们社会的可持续性发展就有了物质基础。

二、设计方案

住宅平面规划图

要考虑纬度、自然地理特点、地面坡度、地质特点、采光、湿度、空气质量等各种参数，并用来建造住宅的配置、位置、朝向、剖面形状、立面特点。这种设计方法要将建筑和环境有机地结合在一起。

模型化的开间和进深设计可以保证最少种类的钢构件。梁柱节点主要采用螺栓连接，可提高钢构件的通用性和循环利用性。

作为经济适用房，最重要的是要以最简单的施工技术和最经济适用的设备获得最好的功能。在该方案中，采用了最易得到的普通材料和设备，以实现设计经济实用住宅的目的。最大程度地实现其使用功能。在建筑基础方面，没有采用特殊的土建技术，这也可以减少建设成本。

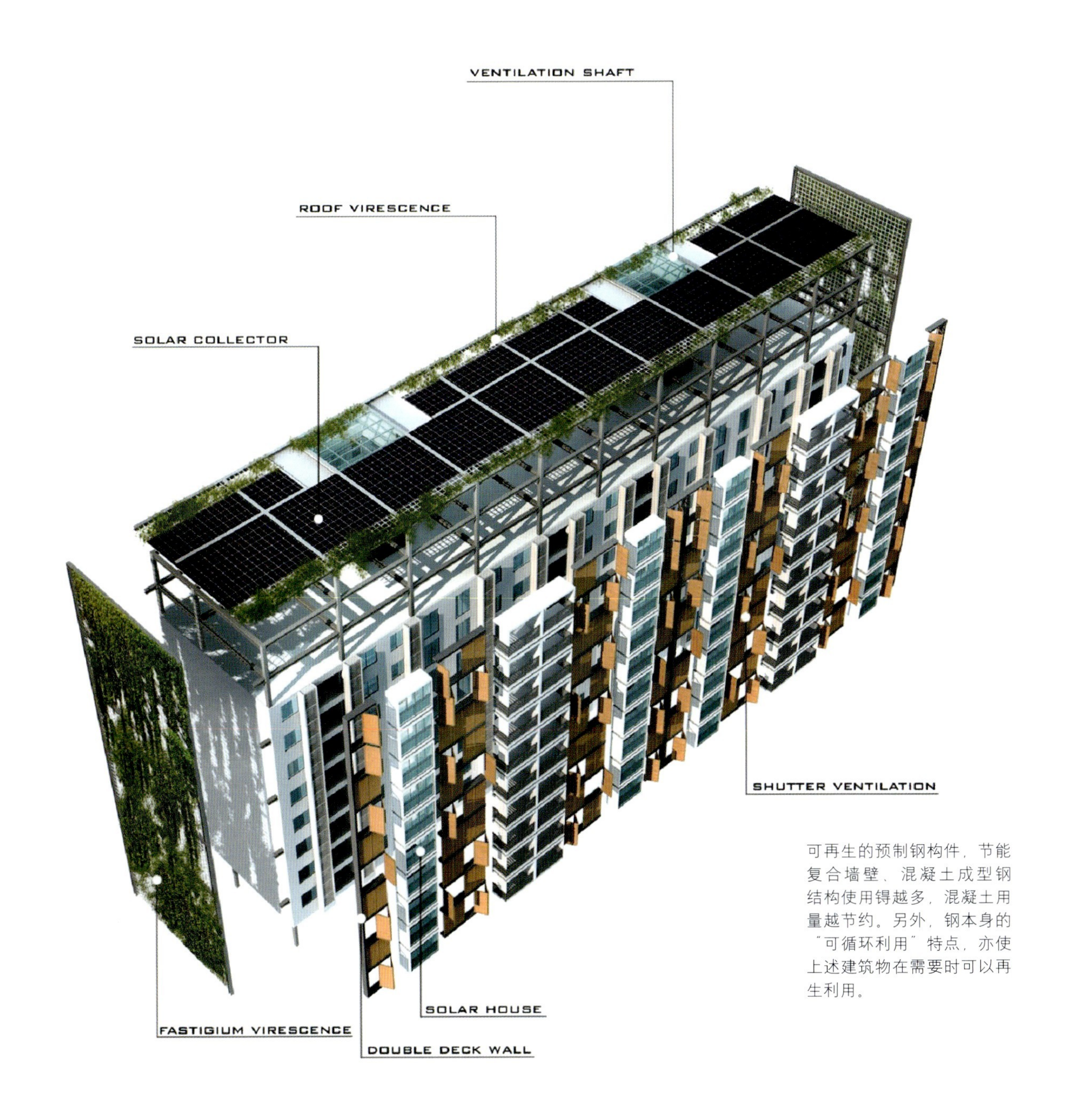

可再生的预制钢构件，节能复合墙壁、混凝土成型钢结构使用得越多，混凝土用量越节约。另外，钢本身的“可循环利用”特点，亦使上述建筑物在需要时可以再生利用。

动态考虑住宅使用功能随时间发生的变化

结合钢结构系统所具有的灵活性特点，本方案根据“核心家庭”的生活方式，动态地采用“适应性设计”至各个功能空间，使居住方式适应家庭生活周期、年份周期、星期周期、住宅本身的周期，可以很好地满足核心家庭结构的动态变化。

随住户而变化的优点说明

采用“通用设计”的理念建造“通用住宅”，可以给每个家庭成员提供合适的空间。不管物理力学水平如何，住宅的各个部分均可非常方便地使用，以满足住户一生的各种需要。

使用公平原则

两套小户型的住房，单个难以自然通风和自然采光，而公用空间结合在一起，可以较好地自然通风和自然采光。本方案首先可以保证内部空间的舒适性和私密性，其次可以确保流通空间的整体性和连续性。住房的所有功能区域可以获得自然通风和自然采光。这与通用设计的使用公平原则相一致，并提高生活质量。

住宅面积多样性的简化

住宅面积多样性的简化包括两个方面的内容：一是由于所有房间采用自然通风和自然采光，故所有的功能区间均可自由组合；二是采用钢框架和模型化设计，从而使得住宅面积的多样性较易实现。

灵活使用

住宅面积多样性的简化，给居民使用带来了便利。其便利性表现在三个周期中，其间居民生活对住宅功能区域的需求不同。

星期周期——在一周中，灵活的空间形式可以适合周末和工作日的不同使用要求。

年度周期——随着四季更替，灵活的空间形式可以适合各种需要，例如冬季获取热量和阳光、保暖及防风；夏季通风、隔热及遮蔽阳光。

家庭生活周期——家庭的建立和解体周期，一般持续30至60年，灵活的空间形式可以使住宅适合从建立到解体的家庭生活周期。

容忍缺陷的设计

在住宅设计的过程中，也许存在一些没有考虑到的特殊使用情况。由于灵活的使用需要已经被充分考虑到了，在某种程度上，这种住宅系统具有相当的缺陷容忍限度。

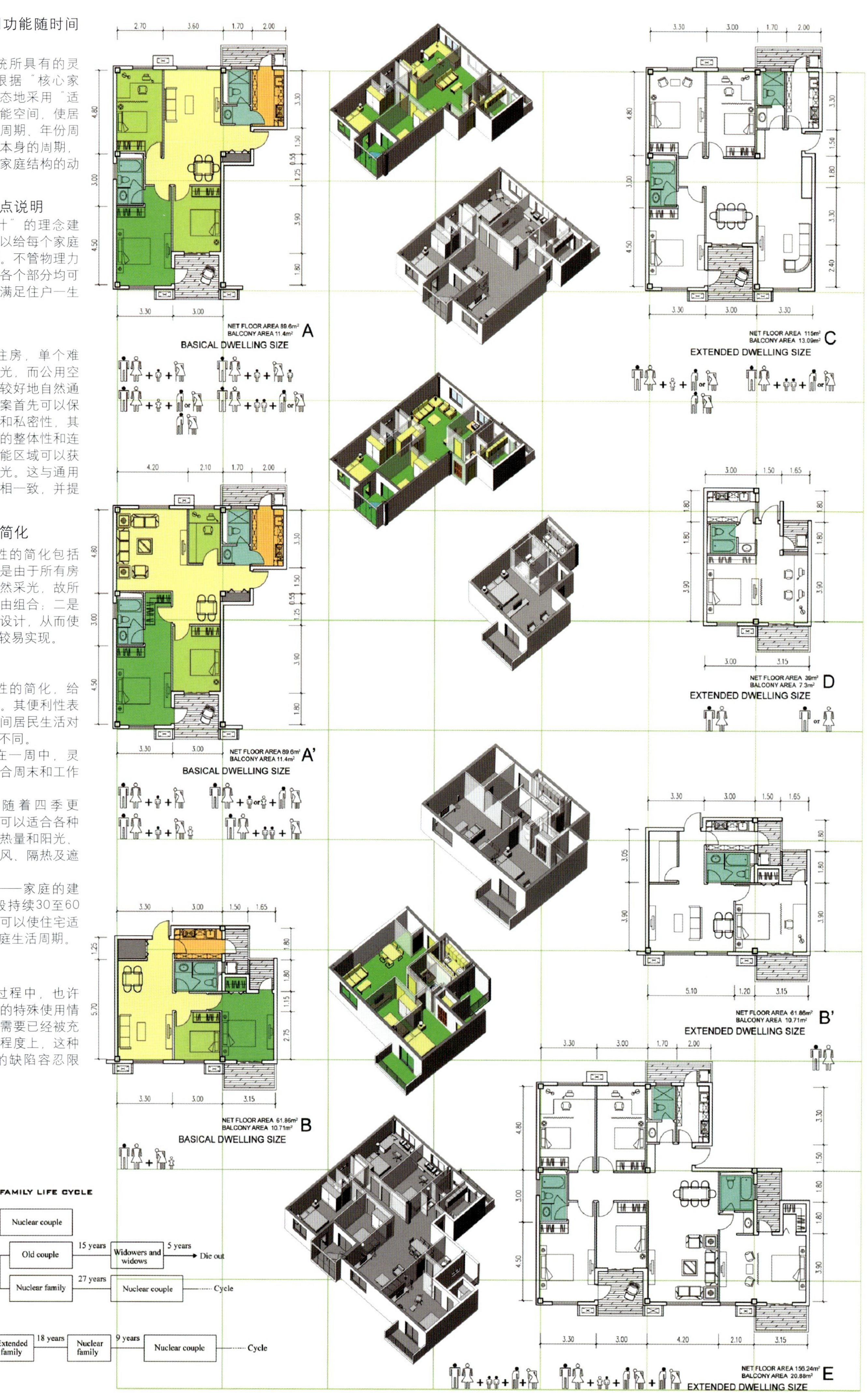

入围方案四：湛蓝色的武汉

Nominee No 4: Azure Wuhan

设计方：Anderson Anderson，美国

“在合理的结构体系内对建筑体系进行精雕细琢”

一、设计理念

湛蓝色的武汉原型旨在提供一个合理的钢结构体系，该体系可有效利用成本，适合目前和建筑地点和建筑规划，方便项目伙伴生产制造，并且对于将来不同的建筑地点和环境条件都具有较强的适应性。

二、设计特点

该建筑系统的基本构造组件是一个模块化的抗弯框架式箱型结构，在填充大梁和浇筑前，无需使用临时支撑柱或脚手架就可以轻松地把它沿着大楼的高度方向上堆砌起来。这种施工方式可以在一个紧邻的工作平台空间上迅速、精确地搭建起建筑，同时确保在建造过程的每一个步骤中都是安全和高效的。上述的每个模块是预制的，以确保高效率和高质量，并且这些模块与国际标准大体积集装箱的尺寸相匹配。

由于模块在规格上是整齐划一的，因此契合工厂化生产的要求，可以用标准的卡车、铁路和海外航运系统进行无损伤运输，及时制造带来的库存和现场施工优势，统一的现场生产安排，为了维护生产效率及维护工厂工人的持续稳定的工作机会而与当地市场进行互动的远程服务。

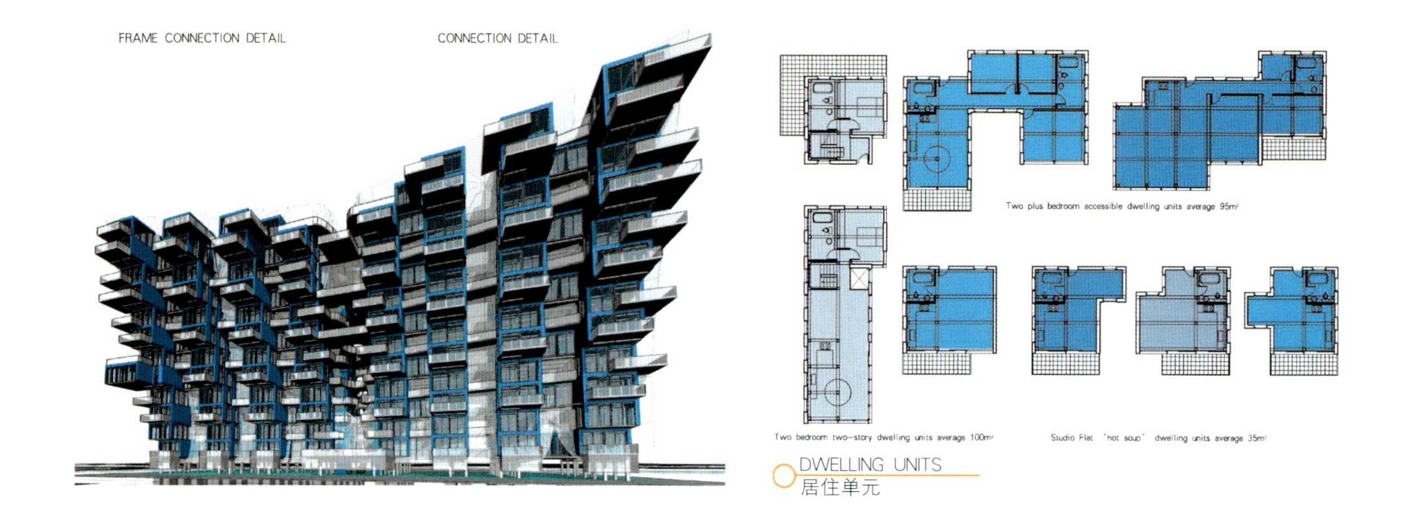

DWELLING UNITS
居住单元

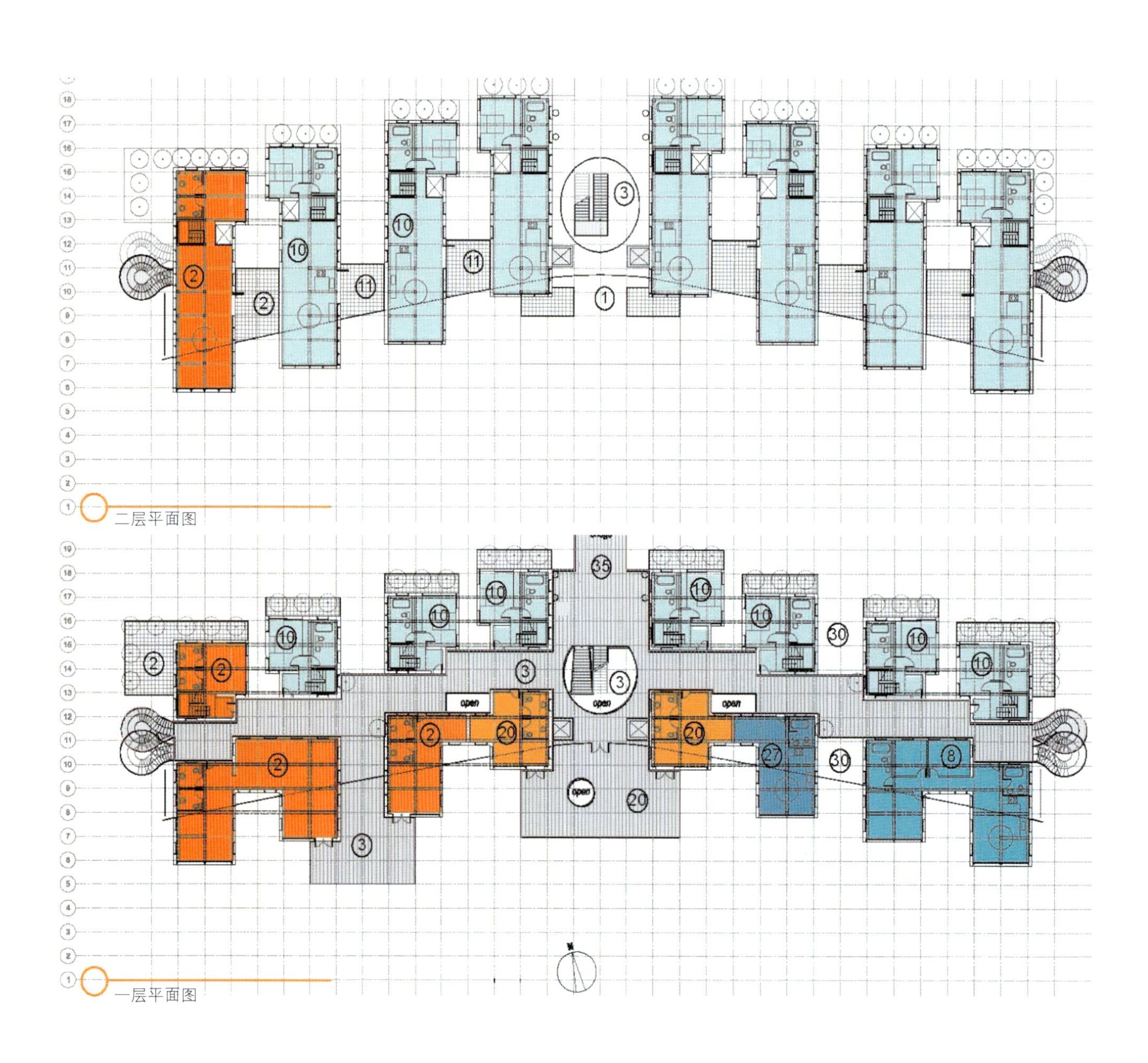

二层平面图

一层平面图

阳光朝向

在开始设计时，建筑的场地和建筑形式是根据当地日照方向研究出发的。在中国的相关建筑标准中，规定了在一年中光照时间最短的日子里建筑需要受到南边的太阳光直射，我们的设计不但达到这个要求还提高了居住的舒适度，并且设计了建筑物自身的夏季遮蔽效应以降低能源需求。

下面的一些图是关于太阳光线研究报告的分析，图1，2显示的是夏季太阳从升起到转向更远的北面的情况下，建筑外形对强烈光线的防护作用。冬季太阳照射的温暖光线的情况也被捕捉在图上。图3到5是显示体育馆、游泳池和商业区的光照情况，体育馆、游泳池和商业区是布置太阳能电池板的最有效的地点，一旦装上太阳能板这些地方还是可以有一些阳光透过电池板照到地上。

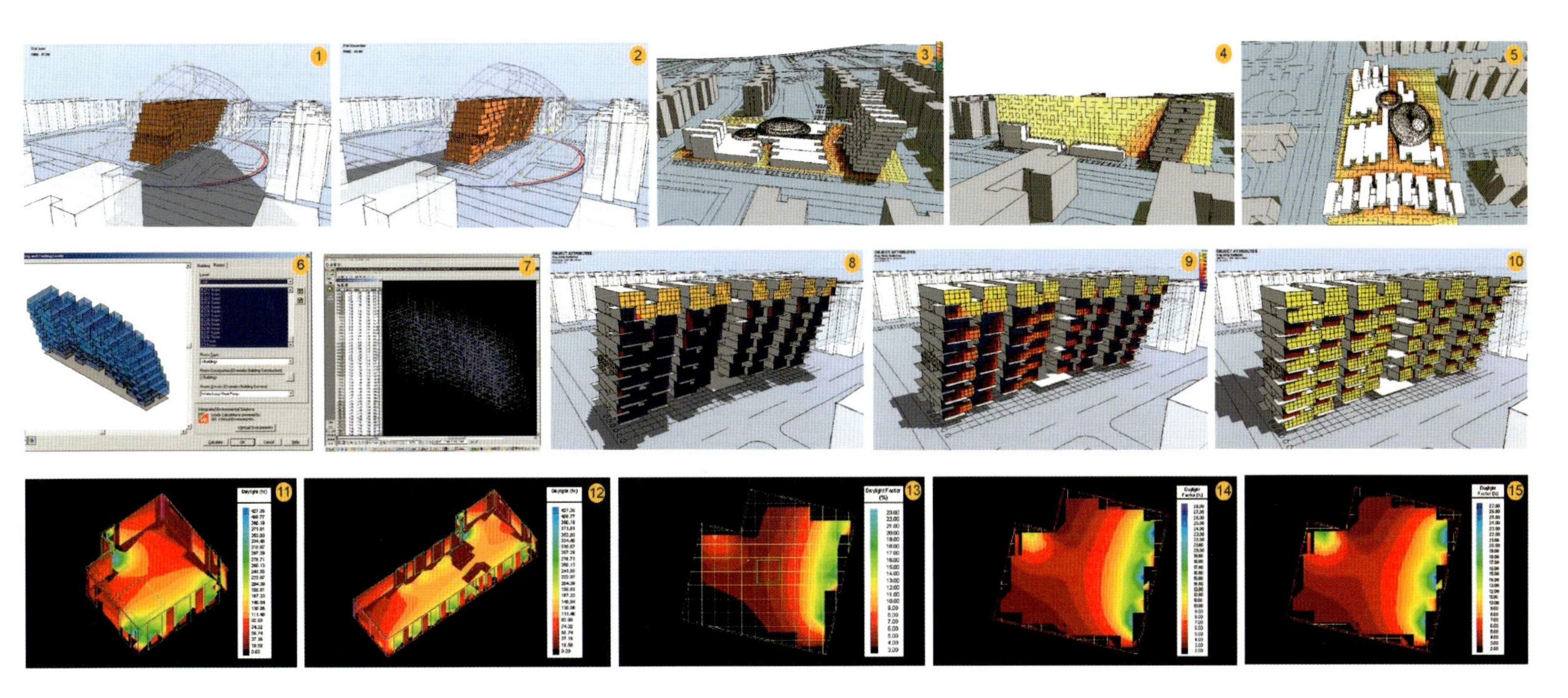

风力研究

武汉所处的地点魅力每年有大量的风吹过，这对夏季的通风和降温是有益的，不过也会导致冬天非常冷。设计中的建筑物的弯曲外形有益于捕捉和引导夏季西南面吹来的微风。冬天东北方吹来的风很大，建筑东北方的凸起外形和垂直方向上种植的常青树就能起到保护居民的作用。

图16～20使用计算机通过流体动态模拟所研究和记录的不同季节下的风向和风速。图21～23显示的地面以上不同高度上风速变化情况，由此可得出在不同高度上可种植的不同树种的策略。顶部区域的树木要能抵抗大风吹拂，且适合需要更多光照的植物，最底部的树木可以利用建筑本身来避免风吹和烈日的照射。所有楼层的树木都需要是常情树种，以便尽量抵御冬季风吹。图24～25显示的是风吹过大楼空隙处的风速变化情况，和轻微调整大楼南面的幕墙后在天气温暖的几个月时间内对大楼特定区域的光照和风力保护作用的影响。

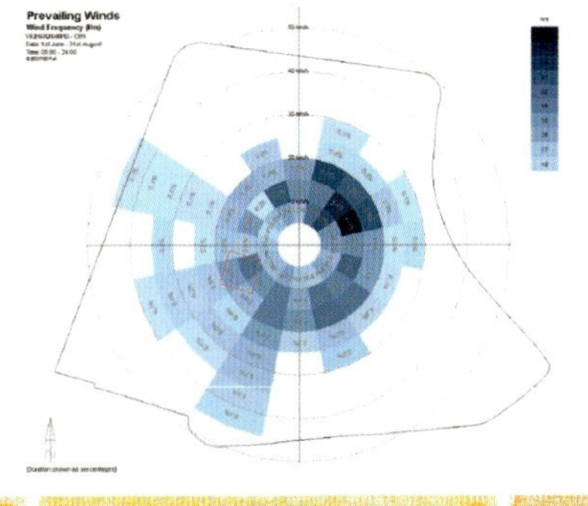

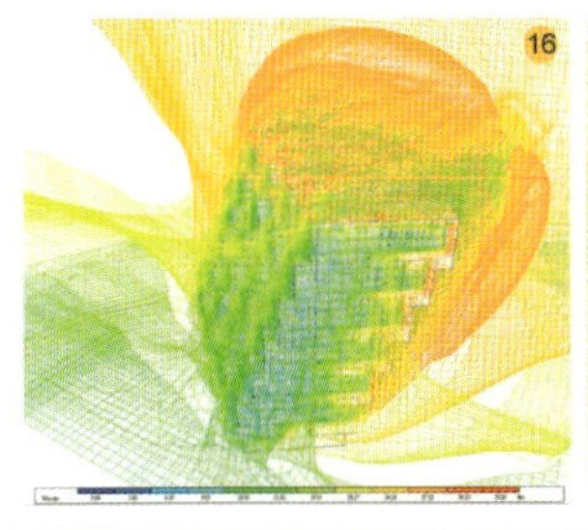

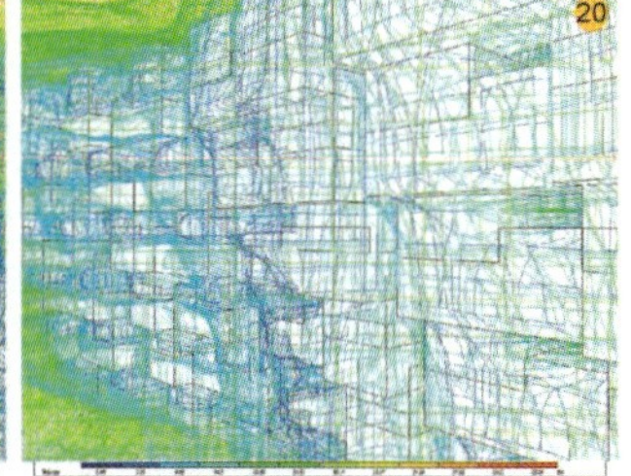

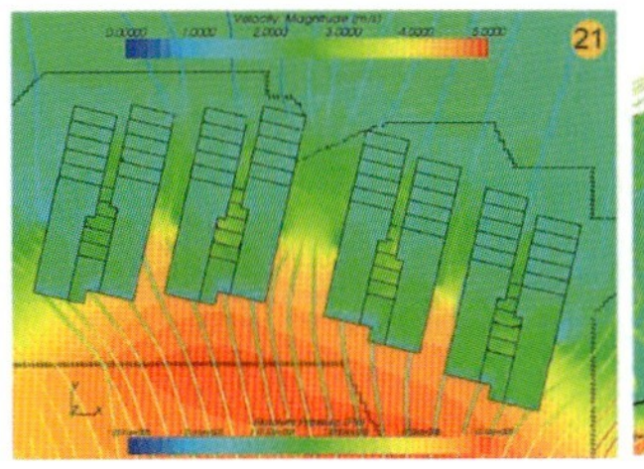

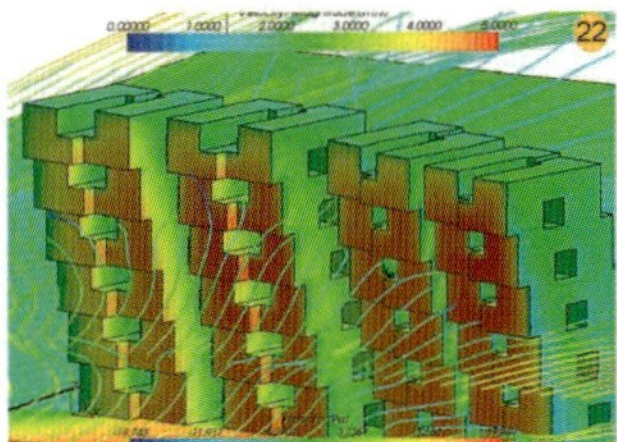

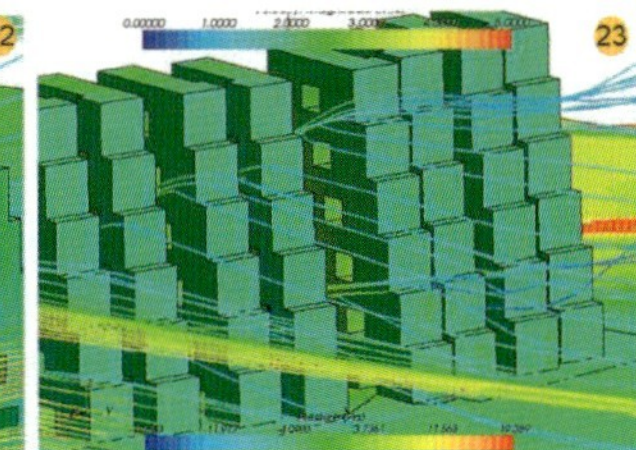

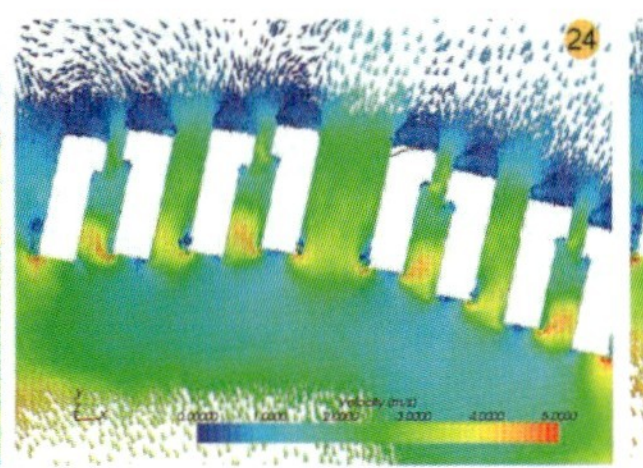

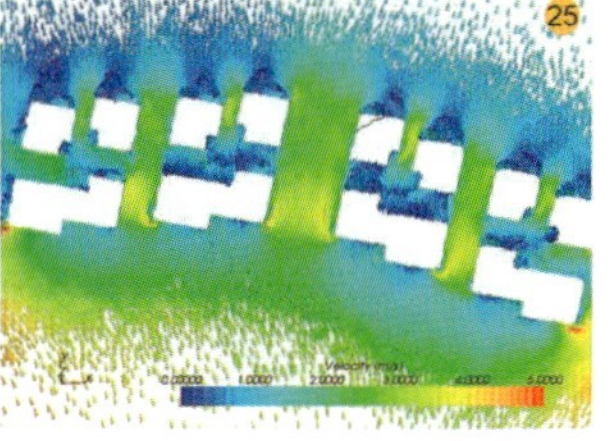

入围方案五：三级变化的住宅

Nominee No. 5: Three-level adjustable housing

设计方：NArchitects，美国

“在独特的公共空间内开发出立式邻里关系”

一、设计理念

该方案通过以下三种方式来表达Living Steel可持续发展的理念：

房屋的屏风

居民居住在一个由微风和建筑钢结构围绕的，前后通风的空间里，这个结构从南到北有：

1. 在房屋南面的外廊上，采用不锈钢缆架设的供植物攀缘的架子；

2. 采用预先组装好的钢构件组成漂亮的孔状结构墙，这些钢结构带有下部构件，能盛放雨水，还能限制吸热；

3. 在房屋的北面建有通风透气性的钢构阳台，阳台与东方呈现一定角度以反射早上的太阳光，同时，确保东北风能吹进来。

居住多样性

简单的钢构通过新颖的设计能确保居住单元形式变化多端。本设计采用三级房屋设计，它们层层叠加，就像是树木从土壤里生长出来一样，它们是建筑底部的狭窄客厅到中间和阁楼设计，再到宽敞的顶部卧室结构，虽然位置与面积都在变化，但它们所占用的体积基本一样。

独特的型体模式

钢结构房屋里的潜在特性能确保设计中那三个独特的伸出阳台的临近露台。阳台的形式可根据三种不同的房屋形式进行相应设计。这种可选形式能建造出特殊的不同的外部空间，每种模式具有不同的朝向与高度，可满足每天不同时间的需要。这种变化方式还能运用到城市建筑上，因为传统概念上建造房子是空间的复制，完全没有这种变化方式。因此，我们的这种建筑方式能在同样的构建布局上，针对消费市场与消费人群的需要，在每个建筑单元内对其进行相应的变化。

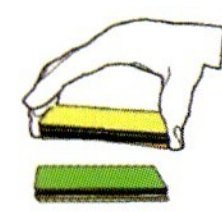
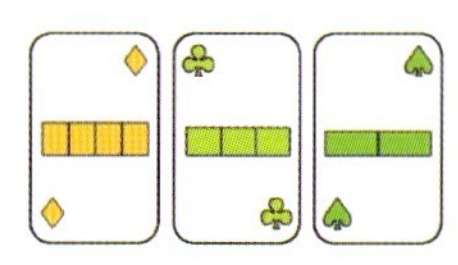
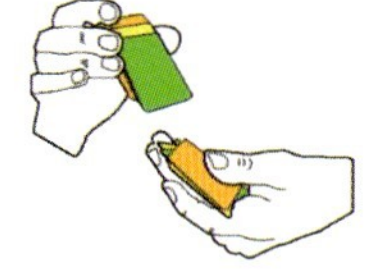
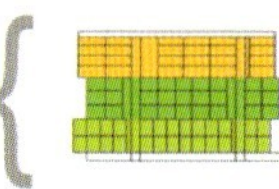
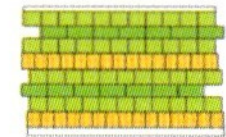
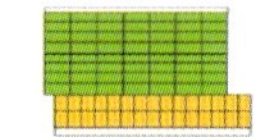

二、设计方案

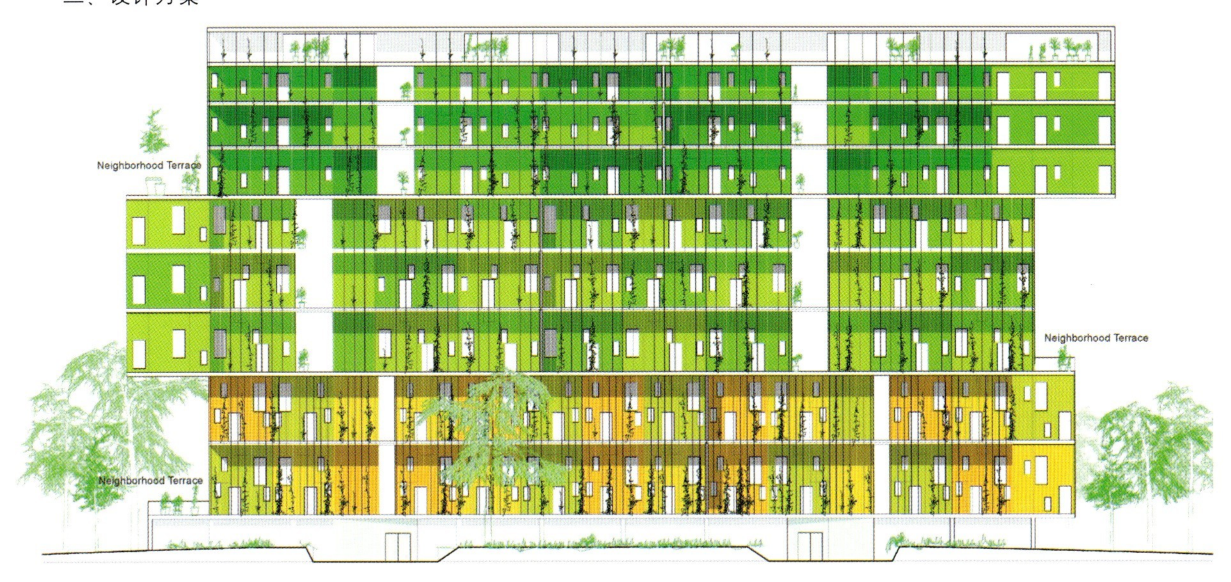

结构

采用普通的标准建筑钢结构件与通用的建筑方法，钢构件主要在生产企业内定型加工后，采用螺栓进行组装形成一个钢结构模块。为了便于运输与安装，每个钢结构模块都要求体积足够小而且结构简单。同时，开发了混合型系统，即将钢结构的优势与预浇混凝土进行完美结合，造成了自由梁式的屋顶。这种模块间的开放式布置因此具有良好的弹性，容许在一定范围内的宽度可调。开发商因此能在单个系统上建立的1.5m方格内设计各式各样的布置方式。

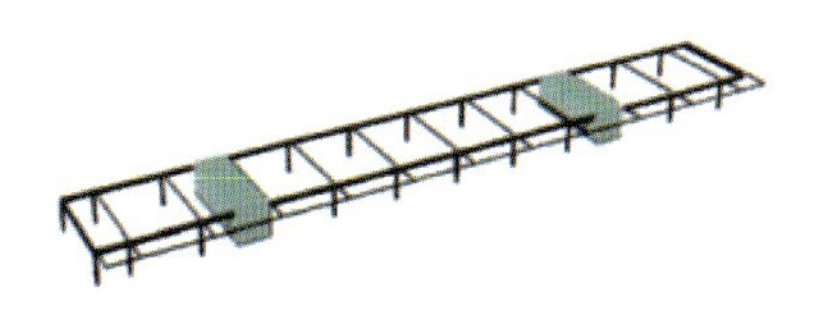

一个紧凑型单元，大小为13m×65m，带有一个动态部分，合理平衡地运用了许多钢结构。一个单一的结构方块，采用两列竖直的梁在宽度方向上支撑建筑房间，竖直梁在垂直方向上垂直且它们之间分别独立。这些跨度6m的300mm×300mm的H型钢支撑起450mm纵深的 I 型梁，从建筑的东部一直延伸到西部。

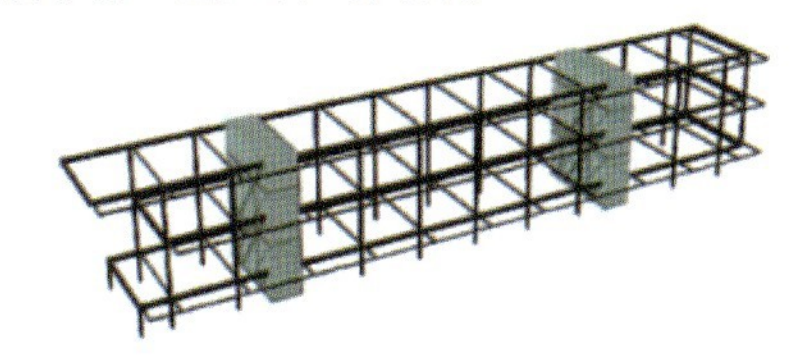

预浇的空心混凝土板梁安装在钢梁的顶部四周边界上且南北贯穿在同一平面上，一系列的"D"型梁也南北贯通（"D"型梁是一种改进式的"I"型梁，它具有比"I"型梁更小的上翼，主要设计用来支撑预浇板）。这种支撑方式的结构通过连续平台来支撑预浇板，同时采用伸出梁支撑起南面的外廊。

这种建筑以三个相邻部分为一节。这些东西两侧分布的6m悬臂梁，主要通过对角式300mm×300mm的"H"型梁通过与后部支撑的两个竖梁连接，达到支撑的目的。

该混合系统能最大化地柔性调节独立单元的布局与底板配置，在高度方向上能轻易地组合出多种建筑单元形式。

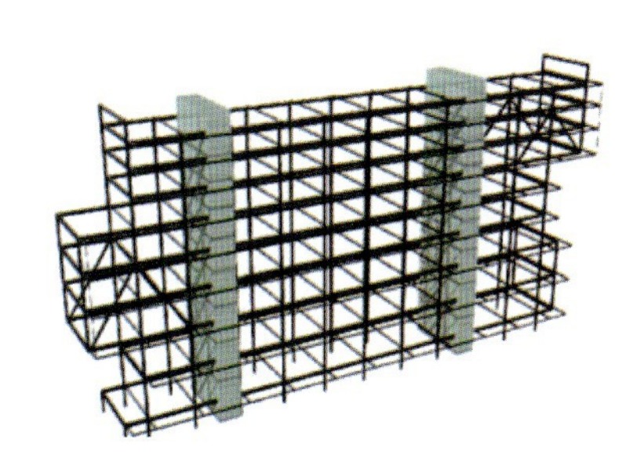

Floor 04-05
Floor 02-03
4.5m Unit
Total 4.5m Units: 24
Average Unit Area: 91m² net

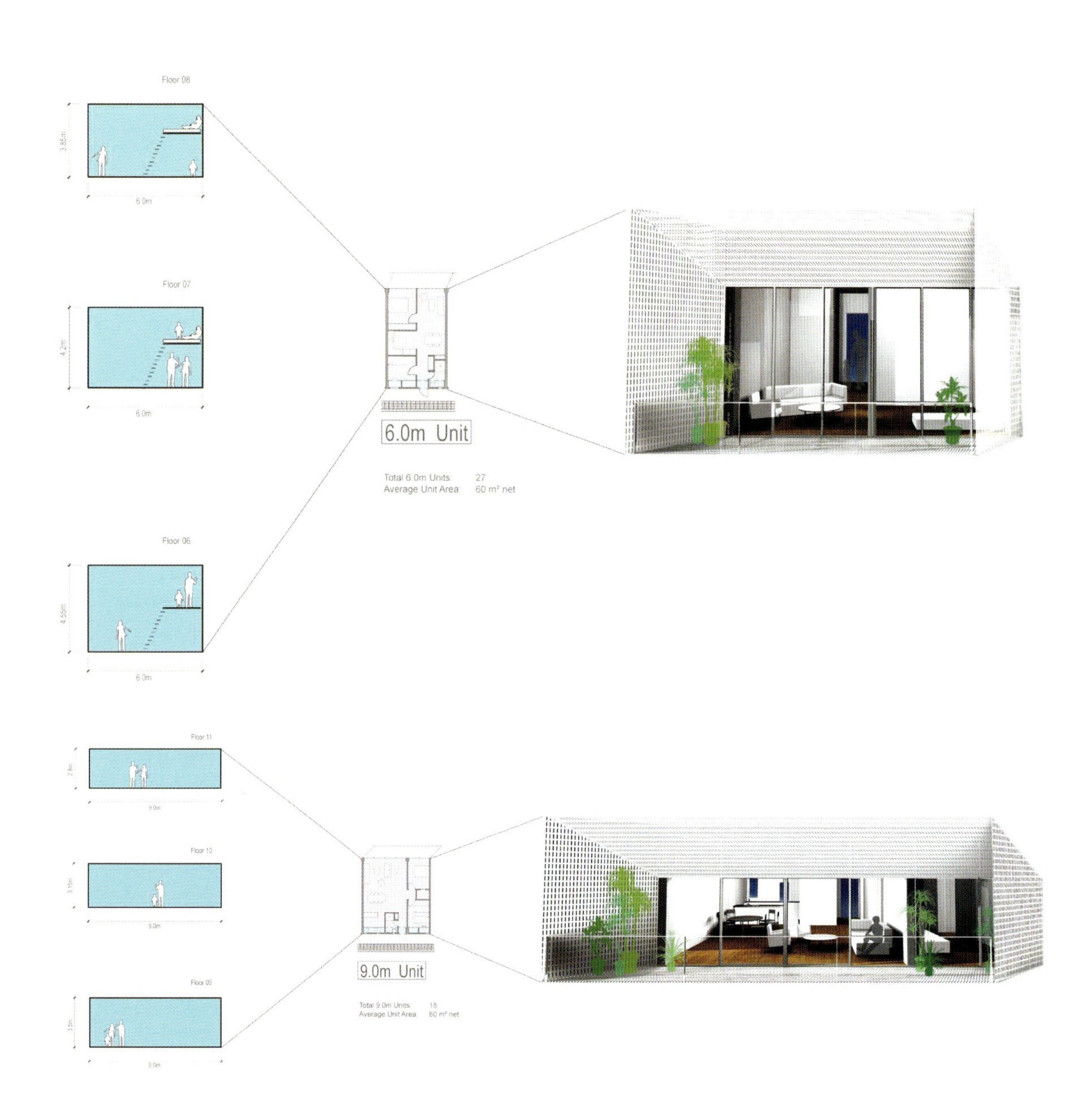
Floor 08
Floor 07
Floor 06
6.0m Unit
Total 6.0m Units: 27
Average Unit Area: 60 m² net
9.0m Unit

城脉设计加盟美国AECOM集团
——综合甲级建筑工程设计企业成长之巅峰跨越

City mark joins AECOM
The peak on the growth of A-level design enterprise

城脉设计加盟全球顶级建筑工程设计咨询企业——美国AECOM集团开幕酒会于2007年12月16日下午15：00在深圳湾畔的凯宾斯基酒店隆重举行。

参加本次开幕酒会的有业界领导、专家学者以及房地产企业等。

行业首开 巅峰跨越

从濒临破产的招商局蛇口工业区设计公司到建筑设计名牌企业，从仅20多人的小设计公司到200多名专业人士的大型设计机构，从国企到到国有控股，再到民企，到中国首家纯外资的综合甲级建筑工程设计企业，城脉仅用了九年时间。九年里，三次体制转型，四易企业身份，城脉如中国建筑设计行业的弄潮儿，总走在行业的最前沿，在波谲云诡的市场风云中不间歇地变换自己的面孔，但不变的却是对高品质建筑的不懈追求，以及对客户优质服务的承诺。专注、稳重、务实、专业、高效是这一团队最贴切的注脚。2007年11月，经国家商务部门和建设部批准，城脉正式加入AECOM，并更名为城脉建筑设计（深圳）有限公司，全新的城脉设计将在技术、人才、管理、资金等方面全面提升，实现其发展上的历史性跨越。

体制虽变 文脉相承 品质提升

从民企到中国首家纯外资的综合甲级建筑工程设计企业，体制的改变并不代表城脉对原有的运作方式、设计理念、服务品质的否认，更多的是城脉对原有城市文脉的继承，对土地，对本土文化的尊重。正如中国科学院院士、中国工程院院士、清华大学著名教授吴良镛先生对城脉设计之评价："前卫而经典，激情而典雅，融古今中外之学，创神州大地建筑之新"，城脉的这一设计理念和奋斗目标将继续坚持。加入AECOM后的城脉设计将应用多年来对开放市场的良好把控和实践，对本土设计经验的积淀，为客户提供符合中国实际情况的、中国化成本、国际化品质的全程服务。

全面迅速发展——中国建筑设计界旗舰企业的品牌之路

全新的城脉设计如何拓疆辟壤、兼收并蓄，如何实现自身的快速成长，这对城脉来说，似乎是一个很大的挑战。但对此，城脉设计总裁毛晓冰先生显得信心在握。他认为，未来城脉在发展过程当中，将主要通过集中式分公司经营、兼并独立运营公司等方式，复制城脉独有的企业管理、设计管理、项目运营等模式，迅速扩大规模。在几年内把业务覆盖中国大部分主要城市，实现其成为中国最大的建筑工程设计集团企业之一的目标。

而毛晓冰先生也相信，这种复制，不是简单的嫁接，是在充分尊重本土和当地市场情况的基础上，对原有设计能力的激发和引导，把城脉从作品到产品强有力的实现能力，对多种建筑类型，包括复杂工程的设计经验应用到分公司当中。这种复制是高品质的发展和开拓，是对建筑设计品质的持续追求，是对城脉客户区域扩张的服务延伸。

而城脉也是AECOM在中国的唯一建筑设计品牌，将是AECOM在中国该领域的旗舰企业。

《住区》大学生住宅竞赛参赛细则

一、奖项名称

《住区》学生住宅论文奖

《住区》学生住宅设计奖

二、评奖期限

一年一度

投稿日期：每年1月1日—11月1日

评奖时间：每年11月1日—11月15日

颁奖时间：每年11月底

获奖论文及设计作品在《住区》上刊登，并在每年年底汇集成册，由中国建筑工业出版社出版，全国发行。

三、评奖范围

全国建筑与规划院校研究生、博士生关于住宅领域的论文或者住宅设计作品。

四、参与方式

全国建筑与规划院校住宅课的任课老师推荐硕士生、博士生关于住宅领域的优秀论文或者住宅设计作品。

全国建筑与规划院校博士、硕士生导师推荐硕士生、博士生关于住宅领域的优秀论文或者住宅设计作品。

全国建筑与规划院校博士生、硕士生自荐其在住宅领域的优秀论文或者住宅设计作品。

五、评选机制

评选专家组成员：《住区》编委会成员及栏目主持人

六、参赛文件格式要求

住宅论文类

1.文章文字量不超过8千字

2.文章观点明确，表达清晰

3.图片精度在300dpi以上

4.有中英文摘要，关键词

5.参考文献以及注释要明确、规范

6.电子版资料一套，并附文章打印稿一份（A4）

7.标清楚作者单位、地址以及联系方式

住宅设计作品类

1.设计说明，文字量不超过2000字

2.项目经济指标

3.总图、平、立、剖面、户型及节点详图

4.如果是建成的作品，提供实景照片，精度在300dpi以上

5.电子版资料一套，打印稿一套（A4）

6.标清楚作者单位、地址以及联系方式

七、奖项及奖金

个人奖：

1.论文奖：

金奖一名

银奖两名

铜奖三名

鼓励奖若干名

2.设计奖：

金奖一名

银奖两名

铜奖三名

鼓励奖若干名

学校组织奖：学校组织金奖一名

八、组委会机构

主办单位：《住区》

承办单位：待定

九、组委会联系方式

深圳市罗湖区笋岗东路宝安广场A座5G

电话：0755—25170868

传真：0755—25170999

信箱：zhuqu412@yahoo.com.cn

联系人：王潇

北京西城百万庄中国建筑工业出版社420房

电话：010—58934672

传真：010—68334844

信箱：zhuqu412@yahoo.com.cn

联系人：费海玲

清华大学建筑学院“近现代住宅”课程及学生住宅论文推荐

Selected Term Papers from the Graduate Course “Modern Housing” of School of Architecture, Tsinghua University

“近现代住宅”课程是清华大学建筑学院针对研究生的一门专业理论课，从张守仪、吕俊华、林志群、金笠铭等位先生传承至今，已经有20多年的历史。课程内容涵盖了近现代住宅的历史脉络、相关理论、前沿问题和研究方法等内容，其目的是帮助研究生同学系统了解住宅领域的理论与发展，掌握住宅问题的基本研究方法。近年来的教学突出了研究性教学的特点，除了系统性的课堂教学，进一步加强了学生研究性的工作，让学生通过自己的眼睛发现问题、定义问题，通过对实际问题的认识走出课本。同时，在对课程论文的辅导与讨论中，实现了教学相长，帮助学生形成从建立研究问题——总结相关理论——选择研究方法——进行案例调查——分析并得出结论的基本研究方法，从而为学生今后进入相关领域研究打下理论和方法的基础。借着《住区》推出大学生论文竞赛专栏的机会，我们推荐了几篇优秀的学生作业，本期《住区》选登了两篇，今后会陆续刊出。希望借此窗口进一步鼓励学生、激发他们的创造力，同时也期望通过我们的教学成果，呼吁对于住宅问题的更多关注和参与，为推动整个住宅研究领域的发展做出贡献。

大型住区周边道路及内部交通问题研究

Study on the inside and surrounding traffic systems of large-scale residential areas

何仲禹　马 荻　蔡 俊 *He Zhongyu, Ma Di and Cai Jun*

[摘要] 近年来出现的大型住区，对城市交通产生了复杂而巨大的影响。作为城市交通的重要组成部分，住区交通一方面与居民生活息息相关，一方面又是城市交通规划中不可忽略的因素。本文以北京地区为例，通过对住区出入口、道路网体系、公共交通、居住区内部道路系统四个方面的研究，探讨大型住区周边道路和内部交通问题产生的原因，提出改进的建议。

[关键词] 大型住区、交通

Abstract: *Large-scale residential area has a big influence on the city's traffic system. This article mainly focuses on the relationship between residential area and its surrounding and interior traffic problem. Through survey on the entry, road system, public traffic system and interior traffic system of two large-scale residential areas in Beijing, we are trying to find out the cause of the problems and give proposal for improvements.*

Key words: *Large-scale residential area, Traffic*

一、大型住区的出现及其特点

1.我国大型住区普遍存在

《城市居住区规划设计规范》(2002年版)将居住区按居住户数或人口规模分为居住区、小区、组团三级。按人均用地指标20m²计算，居住小区规模可达20～30hm²。本文认为20hm²以上居住小区、居住区为大型住区。

近年来，随着我国房地产开发的持续升温，居住区的规模也在不断增长。据2005中国地产新大盘研究成果发布会报道，全国大盘建筑面积在50万m²以上的项目开发总数为272个，总建筑面积2.48亿m²，占2005年全国施工面积的14%，其中建筑面积在200～300万m²之间的有15家，大盘主要集中在100～200万m²的有84家，大概占50%。其中北京在全国大盘开发规模城市排名中位列第一名[1]。

2.我国大型住区的特点

大型住区最初建设时一般位于城市郊区地带，这里土地成本低，大部分地区未曾开发，容易形成规模。由于我国人口众多，大型住区一般以高层、多层建筑为主，容积率大。与国外住区相比，尽管国外部分住区规模并不比国内小，但都以独立式住宅为主，居住人口远远小于国内同规模住区。同时，我国的大型住区多为封闭模式，从交通方面看，主要表现为内部道路与城市道路连接性差，出入口少，从而给城市交通和内部交通带来了一系列问题：如居民出行不便，住区出入口拥堵，周边城市道路周期性压力过大等等。

从历史角度分析，封闭的居住区生活模式来源于三方面因素：其一是解放后形成的单位大院体制，出于对苏联模式的学习，一个单位的职工全部住在一起，不同单位各自划出一片领地，成为我国居住小区模式的雏形；其二是现代主义带来的城市功能分区。《雅典宪章》认为居住、工作、交通、游憩是现代城市的四大功能，它们应该有各自相对独立的区域；其三是改革开放后在中国兴起的物业管理模式，取代单位大院的是更为严格的物业公司的大门和警卫。

二、住区与城市交通的关系

1.城市交通对住区的影响与需求

首先，作为影响居住意向的重要条件，城市交通显著影响住区的分布。张文忠(2004)通过研究得出北京市住区沿放射状高速路扇面拓展和沿环路同心圆拓展的结论。"在以四条环路以及京通、机场、京昌等3条高速公路为轴线的缓冲区内共有房地产项目217个，占484个已数字化的房地产项目的45%"[2]。城市大型住区对交通的依赖性极强，其区位往往与城市主要交通干道相邻或相近。其次，住区周边的交通条件直接影响居民的出行成本和生活方式。第三，住区周边交通影响居住环境，例如可能产生噪声的干扰、尾气的污染等等。

同时，城市交通需要大型住区内道路的疏导。按照城市支路路网密度6～8km/km^2计算[3]，一个面积40hm^2的住区内应有城市支路2.4～3.2km；如按照支路间距200m计算[4]，住区内应有多条城市支路穿过。由此可见，大型住区如完全封闭，将对城市交通产生不利影响。

2.住区对城市交通的影响与需求

首先表现为住区与城市道路节点处的交通影响。"小区出入口是小区居民出行的必经之地(图1)，小区出行车流与城市道路原有车流形成了三个合流冲突点和六个分离冲突点，势必会增加原有车辆的行车延误……邻接城市道路的等级越高，出入口对路段交通的影响越显著"[5]。其次，表现在对周边道路产生巨大的交通吸引量和释放量，从而引起周边路网服务水平的下降。如降低车辆行驶速度，产生交叉口延误和交通堵塞，这要求其周边交通能够快速高效地实现对住区交通的疏解。第三，由于公共交通出行在住区中占有较大比重，因此产生大量对城市公交的需求。第四，如果规划设计不当，住区本身可能阻碍城市交通的通行。

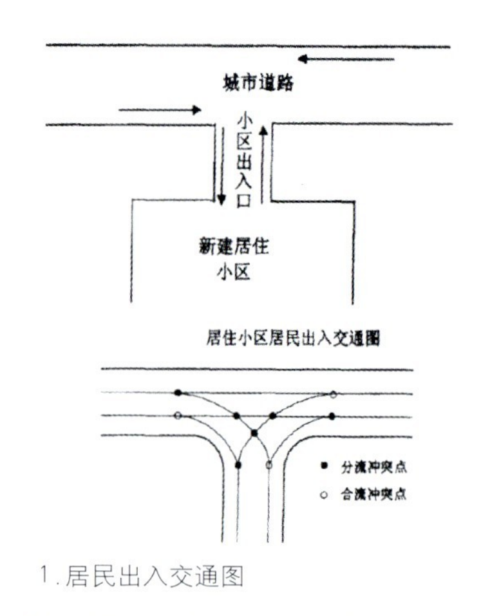

1.居民出入交通图

三、大型住区周边道路及内部交通问题分析

1.案例选择及其交通概况

本文通过对京郊地区的回龙观文化居住区和北四环北侧的亚运村居住区的调研，总结归纳大型住区周边道路及内部交通存在的问题。两个住区开发时间相差约10年，一个已经比较成熟，一个尚在发展之中，故其交通问题具有一定代表性。

(1)亚运村安慧里

亚运村地区是北京第一个成规模的居住区域。该地区人口密集，单位和大型居住区较多，除安立路、北苑路、大屯路、北辰东路等几条主要城市干道外，次级的横向和纵向的干线缺乏，道路之间距离往往过长，交通拥堵情况普遍(图2)。

2.安慧里航拍

安慧里住区位于亚运村东侧，东起北苑路，西至安立路，南起四环路，北至慧忠路，是亚运村地区比较成熟的社区。占地总面积39.22hm^2，建筑面积792593m^2，居民7400余户[6]。连接小区东、西两个主要出入口的一条街上相对集中地设置了银行、邮局等各种商业服务设施，餐饮店面林立，属全封闭式社区，但目前物业管理较为松散。

(2)回龙观文化居住区

回龙观文化居住区位于昌平区南部，京昌高速公路东侧，城市铁路环线北侧，八达岭高速路东侧。规划建设用地面积11.27km^2，规划总建筑面积850万m^2，规划居住人口近30万(图3)。

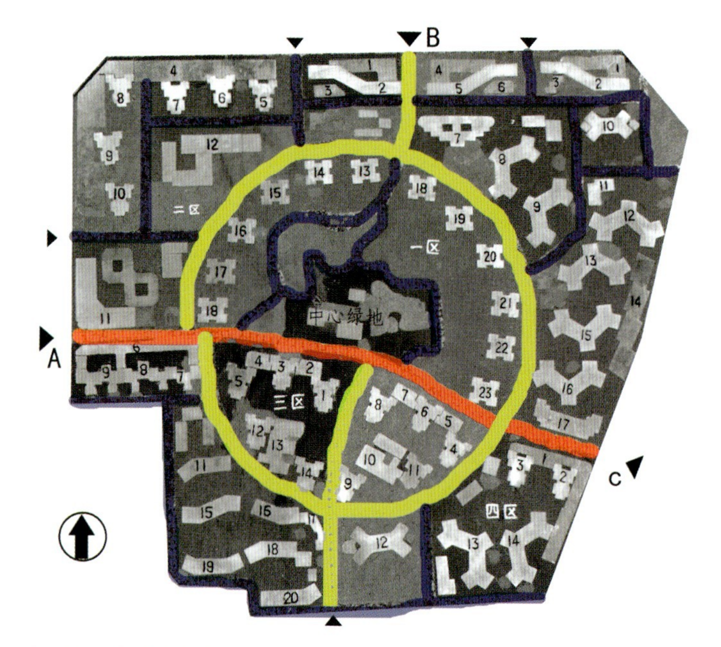

3.安慧里内部交通系统

回龙观居住区规划形态呈矩阵形，整个区由20多个居住小区构成。每个小区的规模不大，大约20hm^2左右，均为经济适用房小区。整个居住区内较均匀分布了南北向与东西向的网状居住区级道路。区级主要道路宽20m左右，6车道；区级次要道路平均宽9.9m，两车道。回龙观居住区具备了部分商服、娱乐配套设施，如幼儿园、小学、大型超市等。但配套设施提供的就业量远小于整个居住区中的居住人口，大量居民的就职单位在城区。

小区与城区主要通过两方面进行交通联系：一是城铁13号线。其经过整个居住区南部，在居住区内设立龙泽站与回龙观站两个城铁站点。另一个是八达岭高速公路。此公路位于整个居住区的西侧，以北郊农场桥与回龙观西大街相连，担负交通量很大。

2.出入口——交通瓶颈

通过调研我们发现，居住区的出入口作为住区与城市道路的衔接点，其通行效率对住区周边道路交通有重要影响。

(1)回龙观北郊农场桥调研

京昌路是回龙观居住区与北京城区惟一直接相连的城市干道，因而京昌路回龙观出口处的北郊农场桥就成为了回龙观进出北京城区的必经之路。调研方法为比较交通高峰(18：00)与非高峰(15：30)两个时间段通过某两个公交站点公交车的行驶时间。驶出方向比较路段为L1，驶入方向比较路段为L2(图4～6)[7]，结果如下表：

不同时段相同距离行驶时间纪录　　表1

车辆编号		1	2	3	4	5	6
L1	高峰T1	11′54″	11′54″	11′08″	7′31″	10′51″	9′00″
	非高峰T1′	5′24″	5′31″	4′57″	4′21″	5′43″	4′18″
L2	高峰T2	1′48″	1′33″	2′11″	1′22″	1′57″	2′02″
	非高峰T2′	1′31″	1′54″	1′31″	1′25″	1′51″	1′22″

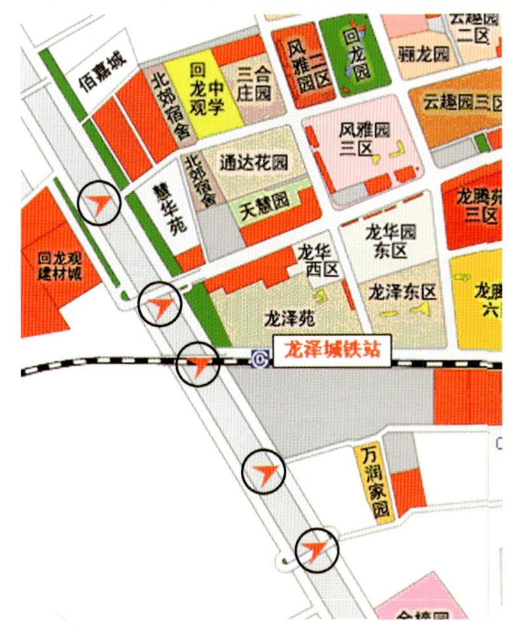

4.回龙观入口

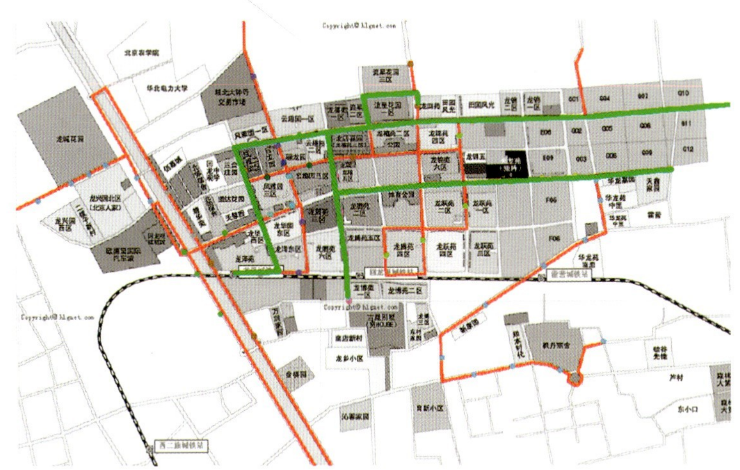
5.回龙观与城铁相连公共交通

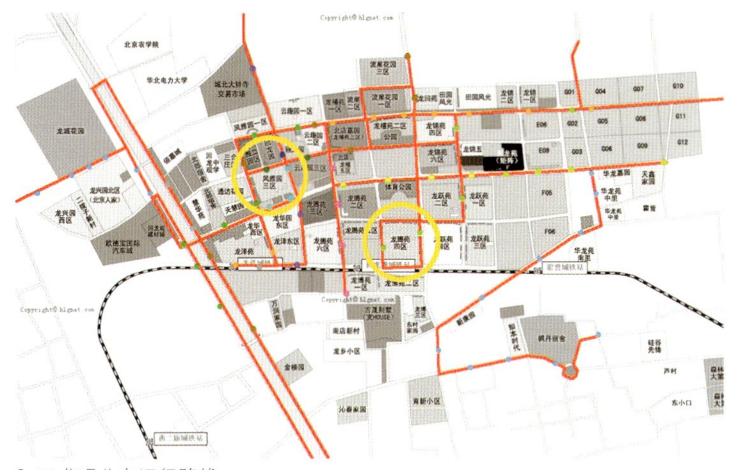
6.回龙观公车运行路线

经计算得到如下数据：L1路段高峰时段T1平均行驶时间为10′23″，非高峰时段T1′平均行驶时间为5′00″，T1/T1′为2.1；L2路段高峰时段T2平均行驶时间为1′49″，非高峰时段T2′平均行驶时间为1′36″，T2/T2′为1.1

早高峰时间没有相关实测数据，通过相关资料查找及访谈我们了解到早高峰时段L1路段拥堵非常严重，公交车行驶速度一般只能达到15Km/h，“我上下班时开车过北郊农场桥最长要花50分钟，平均也得20多分钟”[8]。

上述结果说明：a.L1路段早高峰拥堵极其严重，平均通行时间约为非高峰时的4倍；b.L1路段晚高峰亦有一定程度拥堵，平均通行时间约为非高峰时的2倍；c.L2路段在全天高峰时段拥堵不严重。

为什么会出现这种上下班时间都在同一个方向拥堵的情况？经过对周边居民的访谈，我们得知附近没有大量就业，排除了L1有下班车流的可能性。同时，尽管L1路段转弯较多，一定程度上减慢了车速，但不是造成大规模拥堵的主要原因。在比较回龙观周边道路系统后我们发现从京昌路进入回龙观社区有5个右行入口，而由于八达岭高速的阻隔，从回龙观社区进入京昌路只有一个出口(图7)。因此我们认为是出入口的数量不同导致了上述一边堵、一边不堵的情况。

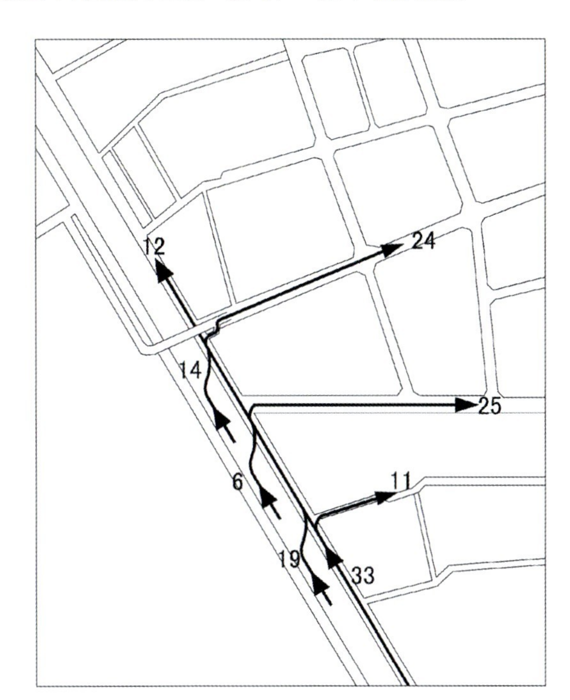

7.回龙观交通流量分布

为了印证上述假设，我们对八达岭高速回龙观路段1分钟内各条路的交通流量进行了测算，结果在18：15，1分钟内从京昌路驶来车辆共72辆，四条路的分流分别为11辆、25辆、24辆、12辆，调研路段只承担了全部交通量的三分之一，避免了只有一个入口产生拥堵的情况。

综上，我们得到如下结论：a.大型住区早高峰比晚高峰的交通量更加集中；b.道路形式对交通通行效率有一定影响；c.回龙观交通拥堵的主要原因在于出口数量过少产生的瓶颈作用。

(2)安慧里安立路出口调研

对于安慧里居住区出入口调研意在评价相似规模的封闭小区高峰时段出入口对于交通的局限程度。由于居住区内部交通需求的周期性特性，在上下班的高峰期间出入居住区的出租车或私家车的车流量较大，但是封闭居住区往往只在主要干道两端设置机动车出入口，这就有可能造成高峰时间出入住区的大量车流集中在1～2个出入口，使得出入口车辆行驶缓慢、堵塞，甚至影响到出入口周边的城市交通状况。采集数据的方式为测量高峰时段和非高峰时段机动车由住区入口行驶约200m至相同地点(图8)的时间，进行比较。

时段	样本(单位：秒)										平均值	最大值	最小值
非高峰(16:00～16:30)	39.3	39.9	30.8	31.2	45.3	68.0	100.7	63.3	21.9	22.9	35.3	100.7	17.8
	18.6	29.6	23.0	30.5	26.5	17.8	20.3	30.8	50.1	24.9			
	24.7	29.0	19.7	54.5	27.9	26.4	22.6	42.3	18.6	55.8			
高峰(17:30～18:00)	21.5	62.5	23.4	32.8	18.8	23.4	38.5	18.7	25.3	31.2	40.0	103.8	18.7
	24.3	85.6	94.6	45.3	31.2	42.6	31.0	19.5	20.1	103.8			
	46.3	31.2	23.6	54.8	38.7	26.4	28.1	22.7	21.3	39.0			

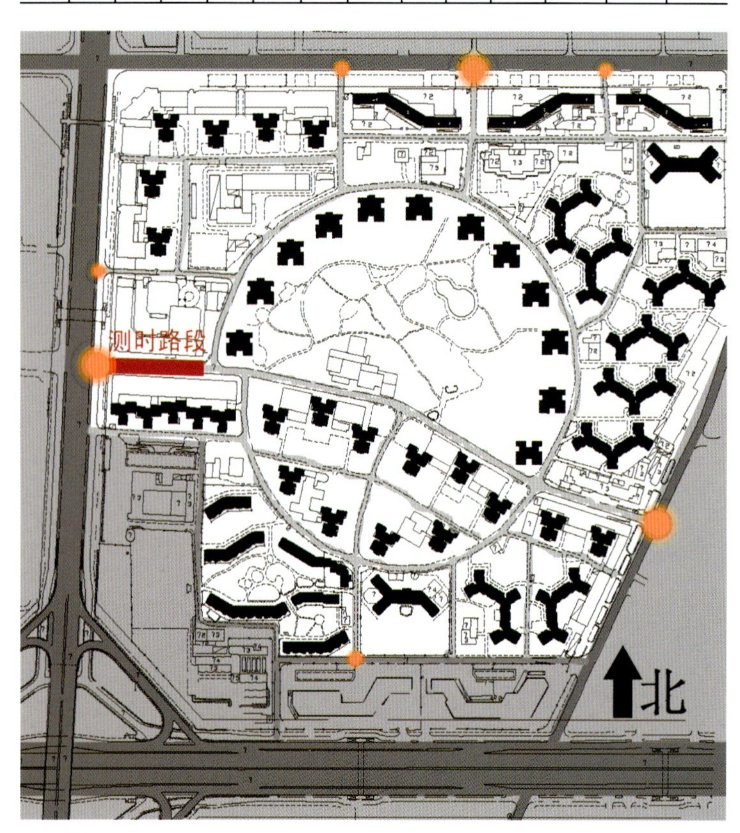

8.测时路段

调研结果表明，高峰时段的行驶时间最大值为103.8秒，非高峰时段相应值为100.7秒；非高峰时段顺畅行驶的最短时间为17.8秒，高峰时段也出现相当的顺畅行驶状况，最短时间为18.7秒，而两时段的行驶平均时间也接近，可见在高峰时段和非高峰时段安慧里居住区的出入口交通行驶状况并没有明显的区别。而调研出现的车辆行驶延误的原因在于该住区连接安立路出口的内部干道宽度较小，仅为7m，而且为服务商业道路，两侧机动车停放十分普遍。当有停放的机动车要开离或有机动车要停放在路边的时候(图9)，会占用道路行驶空间，从而造成住区主路行车延误甚至交通堵塞，进而影响到小区出入口的行驶速度。其二，由于住区主路两侧的人行道都被停放的机动车侵占，使得行人不得不到路面步行，占用了机动车行车空间，给本来就不宽的路面增加了压力，机动车经常要避让行人，而减低了交通效率。其三，该出入口与城市交通路网的衔接没有进行适当的处理，小区出行车流与城市道路原有车流形成了三个合流冲突点和三个分离冲突点(图10)。由安立路主路、辅路拐入住区的两股车流常交叉在一起，相互造成行车延误。并且一些出租车在住区出入口外随意停车、上下乘客也阻碍了驶入住区的车辆。

9.安慧里入口照片

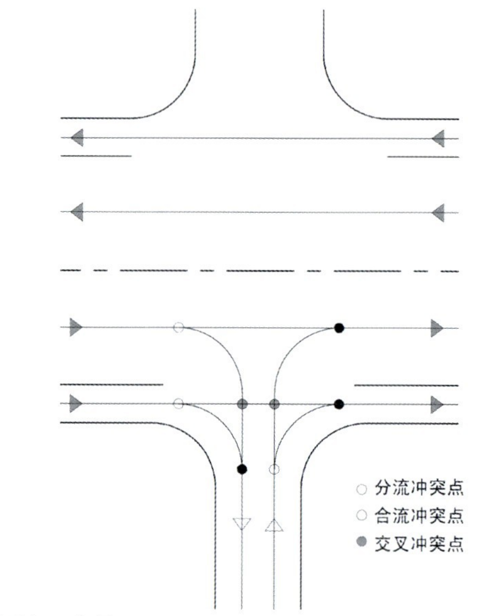

10.安慧里入口交通

由此可知，封闭住区的出入口对于交通的瓶颈作用并不只出现在交通高峰时段，其形成的主要原因包括：大型住区与城市交通衔接口数量不足，住区大量的交通需求给单个出入口过大交通流压力；住区内部主要交通道路路面宽度不足和两侧的静态交通影响道路交通效率，进而影响出入口通行效率；住区出入口处与城市交通衔接的不合理组织也会影响出入口通过效率。

3.路网系统

对安慧里住区道路通行状况的调研发现，其主要的交通问题表现在南北向主路安立路高峰时间拥堵严重。其作为该地区南北沟通三、四、五环的最重要道路，每天有大量的通过性交通穿越，如这里是从北部大型住区天通苑入城的必经之路。由于周边没有其他道路，大量居住在此的居民每天上下班也不得不汇聚到这条路上，使得交通情况恶化，甚至发生公交车辆强行穿越居住区内部的现象。

因为安慧里周边住区规模基本相仿，致使南北向城市道路间隔偏大(约700m)，而住区内部的道路由于对外封闭没有起到分流交通的作用。我国《城市道路交通规划设计规范》中要求支路级道路的总密度为3～4km/km^2，除去城市中没有道路的用地，实际相当于支路级道路网密度6～8km/km^2，支路间距应为180～240m。然而研究安慧里居住区及其周边地区的路网系统发现，城市路网密度明显不够。

正如《城记》一书中所言："在路网规划方面，北京市长期以来实行道路'宽而稀'的双向交通模式……机动车道路一般相隔700～800m一条。相比之下，一些西方发达国家的城市规划则走了一条'窄而密'的发展模式，如华盛顿，机动车道一般相距100～150m一条。由于路网密，这些西方城市大力发展单向交通，注重路网与道路系统的建设……北京的路网稀，一个重要的原因就是'大院'太多"[9]。将北京与西方大城市的道路面积率进行比较，可以发现北京的道路面积率为7.2%，明显小于其他西方发达国家道路面积率，而北京的道路宽度并不小于西方国家道路宽度。这就意味着北京的路网密度远小于西方国家城市。

北京与部分发达国家城市道路面积率比较[10] 表1

城市名称	道路面积率	城市名称	道路面积率	城市名称	道路面积率
北京	7.2%	纽约	35%	巴黎	25%
东京	15.3%	华盛顿	43%	柏林	26%

随着私人机动车拥有量的增加，亚运村住区周边道路的交通流量激增。另一方面，随着城市的发展，建设之初位于城市边缘地带的亚运村地区随着城市的发展逐渐转化为城市中心地带。而当初的规划设计缺乏对今后发展的预见，不仅道路网稀疏，也没有留下可以在今后加以改进的余地。因此造成安慧里目前的路网密度难以承受其交通荷载的局面。

4.公共交通

公共交通服务水平意在评价封闭大型住区对于公交绕行的影响状况以及集中的交通需求对于公交乘、候车环境的影响。我们主要对回龙观地区的公共交通情况进行了调研，这也是当地居民反映最突出的交通问题之一。这里的公共交通包括轨道交通和公共汽车交通。

通过现场观察、问卷调查以及网上公交线路查询，发现回龙观小区公共交通有如下几方面的问题：

(1)公共交通覆盖情况不理想，分布不均匀。公交路线在回龙观居住区中"西密东稀"，大多数公交车路线集中在风雅园二、三区及回龙园周围，少数路线通往以东区域。育知路、育知西路周边集中了12条公交线路，53个公交站点，同样面积的龙腾苑周边只有1条公交线路，2个站点。在网上公交线路查询过程中还发现部分线路在回龙观区的路线是完全一样的，如618路与307路。同时，联系八达岭高速路以西小区(包括龙兴园北区、龙城花园等)与以东小区的公交线路非常少，而且非常绕行。而城铁以南新盖的别墅小区(龙博苑等)周围现还没有引入公交路线。问卷调查中，针对是否将公交车引入小区内并设立公交站点问题，53.8%的居民认为应该引入，23.1%的居民认为不应该引入，23.1%的居民认为无所谓。这说明一半以上居民认为公交服务还不足。公交路线覆盖不均匀，使得公交服务在很多区域中无法满足居民需求。

(2)公交车线路数不足。通过现场观察发现每个公交站点中可使用公交车线路数量较少。以京昌路回龙观北站为例，此站共有12路公交车服务，其中只有5辆是进入回龙观居住区的，这对面积11.27km^{2}的回龙观居住区是显然不足的。与面积为39.22hm^{2}的安慧里小区进行比较，安慧里小区西侧的炎黄艺术馆站公交车线路共有27路，下一站大屯南站共有18路。由此数据比较中可以看出两居住区周围公交服务差距非常大，反映了回龙观区公交线路的不足(公交车路数量比较表如下)。

回龙观居住区与安慧里居住区周边公交站点服务水平比较 表2

城市名称	占地面积	抽样公交车站	公交车路数量(辆)
回龙观居住区	1127hm^2	京昌路回龙观北站	12
安慧里居住区	39.22hm^2	炎黄艺术馆站	27

(3)公交车与高速公路的关系较差。进城方向的公交车辆不上八达岭高速路，而是走三车道的高速辅路。因此，在高峰时期公交车不得不与其他车辆相互拥挤，一方面导致公交服务被耽误，一方面加剧了高速辅路的堵车现象。问卷调查中，61.5%的居民反映上班路途中堵车花费时间在30分钟以上。在市民访谈中，很多居民反映高峰时段公交车堵车现象非常严重，有时甚至提前下车步行回家。这说明公交车行驶速度幅度非常大，拥堵问题严重影响居民生活。

(4)公交车时间间隔不均匀，高峰频率高，非高峰频率低。在市民访谈中，很多居民反映高峰时段公交车的间隔较短，但在非高峰时段因为很少有人乘坐公交车，因此公交车为了达到更好的经济效益而降低频率，导致经常出现等车超过半个小时的现象。

(5)公交车与轨道交通的衔接与联系差。回龙观小区南侧有城铁13号线经过，并设立两个城铁站。但是由于与公交车线路的衔接差，导致很多小区居民使用轨道交通很不方便。有的只有四条公交线路将两个城铁站相连，而且路线比较曲折，这显然无法满足使用城铁的大规模居民。同时，线路不足又导致了龙泽站摩的、黑车猖狂，进而导致了一些社会问题出现。

5.内部交通

目前居住区内部的主要交通体系包括人车分流体系、人车共存体系、人车混行体系、人车部分分流等四种。而从道路组织形式上可以分为网格式和环状路网加近端路式两种。

对于内部交通的调查我们主要集中在安慧里。因为这个小区经过十几年的发展已经成为一个比较成熟的社区，能够反映出一定问题。

安慧里居住区目前有7个出入口正在使用，其中A、B、C三个主要入口供自行车、步行人流、机动车使用，与小区干道相连，其他四个次要入口主要服务自行车和步行人流。主要道路在东、西两个方向与城市干道相接，内向互相贯通，并以环形的小区级道路为骨架，道路放射到各组团中并划分各组团。其道路大致分为三级：干路及环路宽12m，放射道路宽9m，楼前道路宽3m。主干道曲折、进楼道路尽端式布局的特点都在一定程度上阻止了外部车辆的穿行。

统计结果如下：

1.居民平时上班采用的交通方式

	私家车		乘公交车		步行		骑车	
居民平时上班采用的交通方式	4	15%	14	54%	0	0	8	31%

可见，公共交通是居民主要采用的交通方式。

2.居民对于由自家步行出小区的距离是否适宜的意见

	很近，很方便		一般，有时比较赶		远，走很长时间	
自家步行出小区的距离是否适宜	6	23%	16	62%	4	15%

调研显示62%居民认为由自家步行出居住区的距离尚且可以，但是在紧急情况下距离就显较长。根据居民住宅在小区区位的不同，步行出小区的时间为5～20分钟不等，一部分居民由于住宅周围没有住区出入口或者最近出入口附近没有公交车站导致步行时间达20分钟，而一些居民因住宅紧邻面向城市干道的出入口，步行进出小区时间仅为5分钟。大部分居民表示比较理想的步行距离为200m左右，最多不可以超过500m。

3.居民对于住区内部是否应当引入公交车的意见

	应该		无所谓		不应该	
住区内部是否应当引入公交车	14	54%	4	15%	8	31%

通过调研可见，54%的居民认为安慧里居住区应当引入公交线路，其主要出于出行方便的考虑；而持反对意见的居民则认为引入公交会威胁步行安全。

4.居民对于住区内部道路是否允许社会车辆通过的意见

	应该		无所谓		骑车	
住区内部是否允许社会车辆通过	16	62%	4	15%	8	23%

通过调研可见，62%的居民认为安慧里居住区应当允许社会车辆通过，其主要出于出行方便以及缓解小区周边交通堵塞状况的考虑；而持反对意见的居民则认为这样会威胁小区内居民步行安全以及带来扰民的交通噪音。

5.居民对于小区主要干道与城市道路衔接是否顺畅的意见

	畅通		一般，有时不畅		不畅通，总是拥堵	
住区主要干道与城市道路衔接是否顺畅	16	62%	4	15%	8	23%

通过调研可见，85%的居民认为安慧里居住区主要道路与城市道路的衔接一般，时而出现不畅通的情况，据部分居民反应这主要是由于现有的住区主要道路宽度不够，以及两侧机动车停车严重，在倒车时影响道路车辆的行驶。

此外，调研中我们对出租车司机进行了访谈。访问结果显示对于居住区的内部交通，几位出租车司机均表示在安慧里这种“旧”小区里开车比马路难多了，平时自己拉客人最不愿意进住宅小区。一则路面窄并且没有任何行车标志，驶出的时候只能在小区里兜圈子寻出口；二则小区内行人、骑车人特别多，随意穿行道路，自己稍不留神就发生事故，希望有关部门或小区物业公司能设置适当的交通标志，规范进出路线，就可以减少许多交通隐患。对于外部交通，在早7:30和晚5：00左右上下班高峰时间道路拥堵严重，即使在这种情况下，出租车也不会选择穿行类似安慧里这种居住区内部，主要原因是内部道路曲折，指向不明确，司机不知道是否还有其他的机动车交通出入口以及其会通往哪里，不敢贸然穿行。

基于调研和访谈，我们认为安慧里居住区内部交通主要存在的问题在于：规模过大及封闭型导致的居民步行距离过长，增加了居民的交通疲劳度和时间成本；居住区道路组织形式简单放大了环状路加尽端路式的模式，道路设计过于追求形式，走势弯曲而指向不明确，给驶入的出租车增加行车困难；路面窄而没有进行明确居住区交通体系的考虑与设计，行人、机动车、自行车混行在同一路面，容易发生交通事故。在此基础上，我们认为住区内部交通组织应以居民交通便利为先，并且内部交通组织模式应与住区规模相匹配。

四、结论

综上所述，我们认为大型住区周边道路及内部交通的主要问题表现在出入口的交通瓶颈效应明显，公共交通设置不合理，周边路网密度不够，内部交通组织不便四个方面。解决上述问题可以从以下四个方面入手。

1.不同等级道路的有效连接。住区出入口的本质是居住小区与外围道路或整个居住区与城市交通干道的节点，即本级道路与上一级道路的节点。它们应尽可能分布在不同的方向上，除了满足数量上的要求，这些节点要充分考虑居民主要出行的方向，这样建立的连接才是有效的。在受到条件限制时，应优先满足外出方向的有效连接（回龙观恰恰相反，造成进城拥堵严重）。由于城市主要道路要求较大的开口间距，所以大型住区应该避免与城市高速路或快速路直接相连。

2.不同交通方式的有效连接。这主要是针对公共交通而言。轨道交通——公共汽车——步行（骑车）是常见的交通转换方式。三者之间转换的方便程度将直接影响使用者的选择。同时，不同线路公共汽车的路线也应整体统筹，避免出现大疏大密、同一处站点过于集中等现象。

3.开放的社区模式和住区内部道路的半城市化。在住区大规模开发无法避免的情况下，我们认为应该在住区内引入部分城市道路，形成“社区开放、组团封闭”的组织模式。从路网密度控制组团规模。对于这方面的探讨，国内外已有诸多研究：万科基于其开发实践认为，一个封闭组团的规模宜为$1.5hm^2$，包括4栋住宅，300住户。（《万科的主张》，2004）；亚里山大从人类认知能力的角度建议合理的社区规模为$5hm^2$；英国《城市设计纲要》一书从城市设计的角度提出城市中心的街区尺度宜在60～80m，其他地区控制在80～90m，由此推算街区的规模约为$0.5～1hm^2$（《urban design compendium》，2004）。同济大学的周俭等学者认为居住区组团的规模可以控制在$4hm^2$[11]。大连理工大学吕彬在其硕士论文中总结各种观点，提出非城市中心地带住区组团规模在$2～6hm^2$，最大不超过$10hm^2$[12]。

根据前文分析，支路网密度按照$6km/km^2$计算，平均分配道路，则一个组团的尺度为250m×250m，由此推出其规模为$6hm^2$。我们认为这样一个规模的组团基本可以满足城市交通对住区内部道路的需求。如前文分析，基于交通考虑的合理的组团规模在$6hm^2$左右。在这个组团周边应允许城市支路穿越。而其内部可沿用传统的封闭模式和传统的道路组织模式。

4.可持续的交通系统规划。避免对居住区交通的“简单放大”设计模式，适用于小规模居住区的道路规划模式在“量变引起质变”后不能如法炮制，否则会带来严重的内部交通问题。同时规范中针对小学服务半径确定的居住小区规模在出生率下降、就学人口减少的今天也应做出一定的修正，否则也会导致按规范计算出的小区规模的偏大。

大型住区在建立初期，由于资金限制或区位偏僻，难以一步到位，但规划应该充分考虑住区交通今后发展的需要，例如机动车数量的增加、城市道路穿越的需要，在设计时为今后的可能留有余地。

*课程指导老师：张杰、邵磊、王韬

参考文献

[1] 城市居住区规划设计规范. GB50180—93. 2002

[2] 丁良川. 当前城市边缘大型住区的问题与研究：[硕士论文]. 浙江大学，2005，2

[3] 清华大学建筑学院，万科住宅研究中心. 万科的主张. 南京：东南大学出版社，2004，9

[4] 开彦. 大盘地产不能等同于小区开发. 住宅科技，2005，8

[5] 张文忠等. 交通通道对住宅空间扩展和居民住宅区为选择的作用. 地理科学，2004，2

[6] 城市道路交通设计规范. GB50220—95

[7] 商仲华. 居住小区开发交通影响分析研究：[硕士论文]. 长安大学 2006，6

[8] 李德华. 城市规划原理. 北京：中国建筑工业出版社，2001，6

[9] 王军. 城记. 北京：三联书店，2003，10

[10] 黄建中. 特大城市用地发展与客运交通模式. 北京：中国建筑工业出版社，2006，4

[11] 周俭，张恺. 优化城市居住小区规划结构的基本框架. 城市规划汇刊，1999，6

[12] 吕彬. 城市居住区开放性模式研究：[硕士论文]. 大连理工大学，2006，6

注释

1.数据来源：开彦. 大盘地产不能等同于小区开发. 住宅科技，2005.8，3～7

2.张文忠等. 交通通道对住宅空间扩展和居民住宅区为选择的作用. 地理科学. 2004，2. 7～13

3.《城市道路交通设计规范》7.1.6条文说明

4.相关研究认为这是比较合适的支路间距。见大连理工大学硕士论文《关于土地再分问题的研究——我国控制性详细规划内容的缺失》

5.商仲华. 居住小区开发交通影响分析研究：[硕士论文]. 长安大学，2006.6

6.数据来源：http://house.sina.com.cn 2001年10月18日11:21 北京青年报

7.图片来源：在Google Earth底图上作者自绘

8.回龙观的堵：早晚发生的惯例. 北京晨报. 2004—06—17

9.王军. 城记. 北京：三联书店，2003.10

10.黄建中. 特大城市用地发展与客运交通模式. 北京：中国建筑工业出版社，2006.4 （国外城市数据1985年，北京数据2000年）道路面积率指城市道路用地面积与城市建设用地面积之比。

11.周俭，张恺. 优化城市居住小区规划结构的基本框架. 城市规划汇刊，1999，6

12.吕彬. 城市居住区开放性模式研究：[硕士论文]. 大连理工大学，2006，6

作者单位：清华大学建筑学院

$90m^2$小户型政策对住宅设计的影响

Influences to House Design by "$90m^2$ Small House" Policies

梁多林 谭求 王富青 *Liang Duolin, Tan Qiu and Wang Fuqing*

[摘要] $90m^2$小户型政策的出台背景错综复杂。本文从"国六条"前大户型风行的现象出发，结合大户型的弊端道出小户型政策的迫切性。并接下来从建筑学专业的角度分析小户型政策对住区规划、住栋单体设计以及户型设计产生的诸多重要影响，以帮助建筑师更好地进行住宅设计，促进住宅产业的进步。

[关键词] $90m^2$小户型、住宅设计、住区规划、单体设计、户型设计

Abstract: *"$90m^2$ small house" policies have a complicated social and economic background. This article starts from the prevailing phenomenon of large house before "$90m^2$ small house" policy, and shows the emergency of small house policies with consideration to the shortcoming of large house. Then from the point of architecture specialty, the article analyzes the many important influences by "$90m^2$ small house" policies to the design of community planning, house building design, as well as flat type design, with the hope of assisting architects to give better house design, and of promoting the progress of housing industry.*

Keywords: *$90m^2$ small house, house design, community planning, building design, flat type design*

一、小户型政策概述

1.政策概述

2004年以来，全国房价涨速加快，已成为社会关注的热点问题。房价的持续上涨，除了有城镇人口增长较快、居民生活水平提高导致对住房需求增加、土地建材价格上升等合理因素外，也存在着一些非理性的投资、甚至投机的不合理因素，造成了全国房地产投资过热。2001～2005年期间，我国房地产投资年均增长速度在20%，2003年为29.7%，2004年第一季度达到近40%的水平。据2005年统计，有13个省的房地产投资增长幅度超过30%，6个省超过50%[1]。另外，我国房地产市场还存在其他突出的矛盾与问题，比如住房供应结构不合理等。

针对住房供应结构不合理的问题，国家出台了"小户型政策"，即是指2006年出台的《中华人民共和国测绘成果管理条例(修订草案)》（"国六条"）中提出的对楼市调控的六条措施之第一条："切实调整住房供应结构，重点发展中低价位、中小套型普通商品住房、经济适用住房和廉租住房"和《关于调整住房供应结构稳定住房价格的意见》（"十五条"）中对此条措施的具体解释，即套型面积

$90m^2$以下的住房须占开发项目总面积70%以上。

2.小户型政策出台背景之一——“大户型”

“大户型”是相对于“小户型”而言。这个“大”也是相对于目前国家实际经济水平和居民实际需求来说的。通常情况下，人们所说的“大户型”指的是套型面积超过$120m^2$的住房。

最近几年大面积住房的风靡于市是导致小户型政策出台的直接原因。以成都市2004下半年为例(图1)，面积在$120\sim180m^2$的套型占有主要市场。从全国来看，住宅户型面积增大也是一个普遍趋势。1999年到2003年全国平均每套住宅面积从$69.57m^2$增长到$98.62m^2$。[2] 据建设部2006年4月的调研，中国40个重点城市住宅平均套型面积为$113m^2$，其中16个城市超过$120m^2$，而北京待售住宅的平均套型面积已达$143.9m^2$。[3]

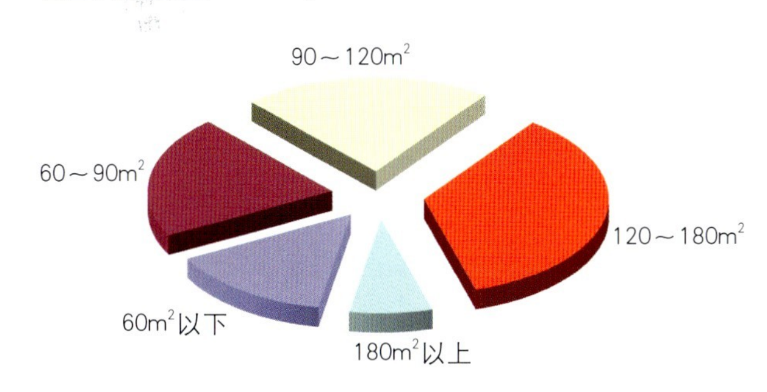

1.2004年下半年成都市住宅批准预售不同户型的面积所占比例(根据杨继瑞等著《房地产新政：现状、展望与思考》中相关数据绘制)

“大户型”现象的出现是有原因的。一方面是消费者的需求，这个“消费者”不仅仅指“住房者”，还有很多“炒房者”。股市的持续低迷导致大群投资者把目光转向房地产，为数不多的有钱人却掌握着市场的主流。另一方面是开发大套型面积住宅有利于开发商降低开发成本，可以赚取更多的利润。由于房产投资太热，大面积户型也不愁卖不出去，所以开发商普遍愿意盖大面积的高档住房。但是对整个社会发展而言，不顾经济和资源条件，脱离实际承受能力或超过实际需求，追求过大套型面积，其实是一种过度消费行为。

“大户型”泛滥的弊端包括：一，房价的攀升和套型面积的增大，加重了普通百姓的经济负担，导致了“房奴”族的产生。二，许多需要住房的人买不起房，而富人却同时拥有着大量闲置房，导致了“买房人”不是“住房人”的现象。三，开发商大量开发“大户型”使得我国住房供应结构渐趋不合理，小面积住房短缺。但是随着家庭结构的简单化，小面积住房比大面积住房有着更大的市场需求，同时“小户型”总价低，更多家庭在经济上可以承受得起。某网上的一项主题为“户型多大比较合适”的民意调查显示：75%的投票人投了$90m^2$以下房子[4]。四，对整个社会而言，追求“大户型”是一种过度消费的行为，造成了资源浪费。

二、小户型政策对住区规划和单体设计的影响

1.对宏观节地政策的理解

如前所述，国六条等住房新政的出台有着很现实的经济、社会背景，而其中和建筑行业直接相关的政策导向主要是节约国土资源及调控住房供应结构两方面，前者对居住区的物质空间规划提出要求，后者则相当于进一步对住宅户型作出了较明确的规定。节约土地的确切含义应该是，在单位面积的土地上提供尽可能多的舒适有效的建筑面积，达到物尽其用。这里包含两层意思：一是要增加容积率，二是要满足更多人的实际有效使用。在土地资源有限的情况下，我们通过调整供应结构——增加中小户型的比例，来吻合住房市场需求类型，让更多的人有房子住。但在提高单位面积土地上居住户数的同时，还应该继续保持或增加容积率，这是因为容积率仍是衡量土地利用率的客观标准。基于以上的理解，下面将从住房供应结构调整和容积率两方面来论述住区规划和住栋单体将面临的影响。

2.住房供应结构调整对住区规划的影响

首先是对居住区人口结构的影响。国六条中规定，住宅项目中套型建筑面积$90m^2$以下住房(含经济适用住房)面积所占比重，必须达到开发建设总面积的70%以上。这一政策带来的直接影响是住区的户数将大大增加，而这种影响具体表现在家庭数量、人群类型和总人口三方面。第一，与一个平均套型面积为$120m^2$的小区相比[5]，在总建筑面积不变的情况下，当套型面积减少为$90m^2$时，居住户数将比原来增加1/3。可见，家庭数量的增多是很明显的。第二，居住人群类型将呈现多元化分布。和大户型相比，小户型自身的灵活性使之能够吻合更多类型人群的需要，比如单身、丁克家庭、单亲家庭、核心家庭、老年人家庭，同时还适应了学生、打工族等租赁人群的流动性居住

模式。第三，当户数与家庭结构均发生变化时，较难预测总人口数的变化情况。然而，考虑到家庭结构分布(图2)，我们可以大胆作一推测，户数的增加幅度将大于家庭平均人口数下降的幅度(即从核心家庭变为两口之家和单身家庭)，因此，住区可承载人口数肯定是要明显增加的。

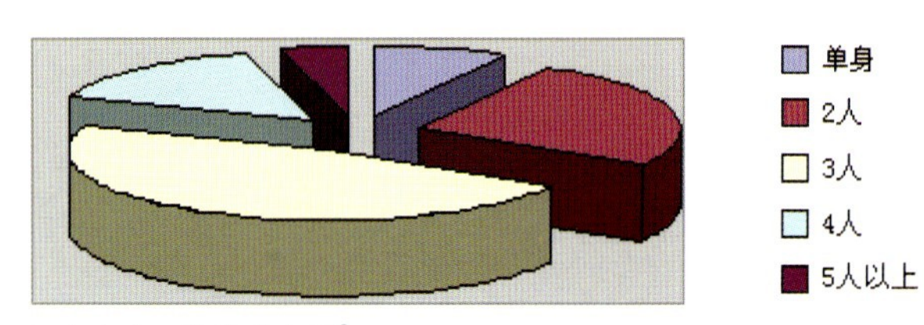

2.家庭人口结构分布图[6]

第二是对室外环境设计的影响。据有关调查表明，当建筑单体向高层发展的时候，住户的心理状态呈现出自闭倾向，而出于对这种不良心态的本能防御，人们会更加重视户外地面上的活动。然而，以往外部环境只重视指标，不注重质量，把景观设计简化为铺装，把绿化设计简化为种植等等，只是从画面的美观角度评价设计，很少和人的行为模式与使用者需求结合起来考虑。因此，在人口结构发生变化，人均享有的室外空间缩小的情况下，更应该进行集约化的设计，使得有限的户外空间包含更多的活动内容，使外部环境更加细致、人性、高效。

第三是对市政配套设施的影响。当住户数量增加后，水暖电等市政配套设施将相应增加。由此带来两方面的影响：一是对设备本身性能的要求比以前提高了，因为更加密集的设备管线需要更精细的设计和安装，才能适应持久而高效的使用要求。比如当上下水管和暖气管的管径加大后，就应设计出更合理的安装方式以避免占用过多的面积。二是对城市周边地区的市政设施造成了压力，如供电供水的负担增加，同时排污水的压力增大等。而对于城市新区规划来说则应为住区规划提供一个良好的市政基础。

第四是对停车方式的影响。这里所说的停车包括非机动车和机动车两类。自行车是中国家庭必备的交通工具，目前的停车方式主要是通过坡道推入地下室，然而因为缺乏高效的组织形式，非机动车库的空间利用率并不高。随着户数的增加必然导致非机动车数量的增多，因此如何既满足数量的要求又能有效地利用空间，将是很值得研究的。今天，汽车已经走进千家万户，尤其像北京、上海这样的大城市。虽然居住区规划已普遍采用了地下车库，但一方面车库的停车方式仍比较传统，另一方面地表仍留有相当大的停车场，而这些都与节地的原则不符。因此，我们应该采用更加集约而灵活的方式，比如机械式立体停车，既可节省土地，又能适应未来市场的变化，而对于地面停车数量，则应该严格控制，只要能够满足临时停车就可以了。

第五是对公共服务设施的影响。在人口结构变化的情况下，公共服务设施受到两种影响，一是规模的变化，二是类型的增多，而不同的设施所受影响的方面也各不相同。有些配套设施的规模将会绝对性地增加，如餐饮、购物等商业设施，而有些则因为相应使用人群的缩小而规模相对减小了。例如，在设计一个居住区的幼儿园时，我们一直沿用规范里的千人指标来做策划。然而这个指标只适应过去计划经济时期单一而匀质的人口分布，很难与今天的复杂多元的人口结构相吻合。显而易见，当家庭结构中增加了除核心家庭以外的家庭类型时，幼儿的数量实际将比按规范计算的有所减少。此外，随着单身住户、单亲家庭、老年住户的增多，我们应该根据这些人群的需要增添服务设施，比如适合年轻人的健身中心、老年人的文娱活动场所等。

第六是对道路交通规划的影响。在居住区内部，人口数量和构成的变化给交通系统的规划提出了挑战。一方面由于人口增加，为解决交通高峰时段的出行压力，道路宽度必将相应增加，同时公共绿地面积将受到制约。因此，更合理的道路规划规范和更高效的道路系统是综合解决用地矛盾的关键。另一方面，随着我国人口老龄化社会的到来，在住区中必须采用更人性化的交通设计，如人车分流、汽车限速等做法。

3.住房供应结构调整对单体设计的影响

单体设计在住宅规划设计中起着承上启下的作用，一方面要容纳户型，另一方面又被用地所容纳。所以单体设计受到来自微观和宏观两方面作用力的影响。国六条等住房新政主要是以住宅的终端产品——户型作为调控手段，这将从微观层面直接影响到单体的设计。而同时住房新政所最终指向的问题是宏观的，比如节约土地、节约能源等，因此对单体设计的发展方向还必须从宏观层面加以考查。

从土地利用角度看，小户型政策可以在单位面积土地上提供更多的住房数量，有利于土地的集约式利用。所谓集约，不妨可以理解为“集中+简约”，即通过对功能的整合与简化，达到物尽其用或高效运行的目的。例如，一栋高层住宅和同样面积的若干栋多层住宅相比，就更加集约：一是密度降低，室外场地可以集中布置；二是交通、设备的集中高效化；三是建筑外表面积减小，有利于节能。然而，通过对单体和户型关系的进一步分析可以发现，户型的缩小必将导致单体体量的缩小和面积的分散化，从而降低容积率。下面以板楼和塔楼两种基本单体形式来分析：对日照系数比较大的我国北方城市而言，南北向的板楼是最理想的单体形式。由于房间开间的减小很有限，所以只能通过减小进深来缩小套型面积。虽然进深减小后，户内采光和通风质量都比大户型提高了，但同时这种“薄板”也导致了每栋单体面积缩小的结果。对于塔楼，因为在保持同等居住标准的情况下，很难将单元的总户数增加，所以套型面积的缩小，也将直接导致单元总面积的减少。综上所述，和过去大户型时期的集中单体相比，未来单体将出现缩小的趋势。因为一块用地内所能容纳的住宅数量主要受建筑高度影响较大而和单体进深的关系不大，所以每栋单体面积的减少就意味着容积率的减少。可见，这是与宏观的节地政策背道而驰的。通过以上宏观和微观两方面的初步讨论，可以发现在单体尺度上存在着集约式和分散化的矛盾。这一矛盾产生的根源是在户型面积减少的情况下，对居住质量如采光、密度等的要求并没有降低。

对于这个问题，一种对策是通过将南北向“薄板”的体形和组合方式进行处理，来增加总建筑面积；另一种对策则是增加东西朝向的单体。下面将具体分析这些设计对策。

第一是板连塔。目前有的开发商针对小户型不节地的问题提出了板连塔式的单体。这是一种介于板和塔之间的形式，即把两个塔楼对接在一起，而对接的部分是南北通透的户型。在高度上对接部分比两端的塔低，这样当分别按板和塔的日照系数进行计算时可以达到同样的日照间距。虽然这种单体既满足规范要求又可以增加容积率，但在使用功能上却有所欠缺，即南侧塔楼对北侧板楼造成遮挡(图3)。导致该结果的原因是颠覆了制定日照系数所默认的前提，即板楼和塔楼是各自分开的系统。

然而，受着这种思路的启发，我们可以在板楼的端单元增加户数(并不增加高度)，充分利用来自东面或西面的阳光。但这种做法需要得到规范上的支持，比如对于日照资源相对充足的端部可以适当减小日照系数。

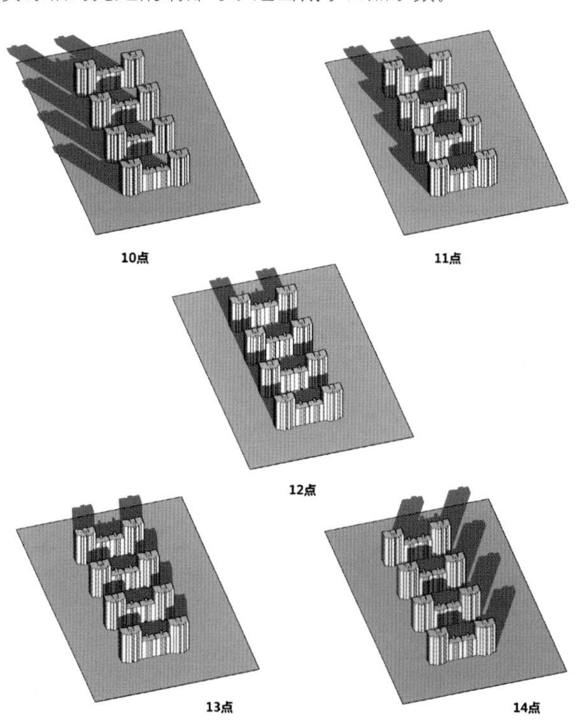

3.板连塔在北京冬至日的日照情况[7]

第二是共用疏散楼梯。做好小户型住宅设计的一个重点就是将套型的公摊面积降低。基本的做法是用较多的户数来均摊公共交通面积，这样落到每户头上的面积就减小了。作为高层住宅，公共部分主要由安全疏散、竖向交通和管井三方面构成。后两者占地面积的减少有赖于设备的改进和相关专业的精心安排。安全疏散则主要由防火规范规定，比如防火分区的面积和疏散楼梯数量等，因此应该充分利用规范所给的空间，既满足规范又不浪费面积。当套型面积降到$90m^2$以下后，理论上一个防火分区($1000m^2$)内可以安排11户。在这种情况下，如果一个单元只做到两户或三户，那公摊面积就太大了，但如果将两个单元合并为一个防火分区，共用一组疏散楼梯，则可以大大减少公摊面积。由此还将产生新的单体形式（图4）。

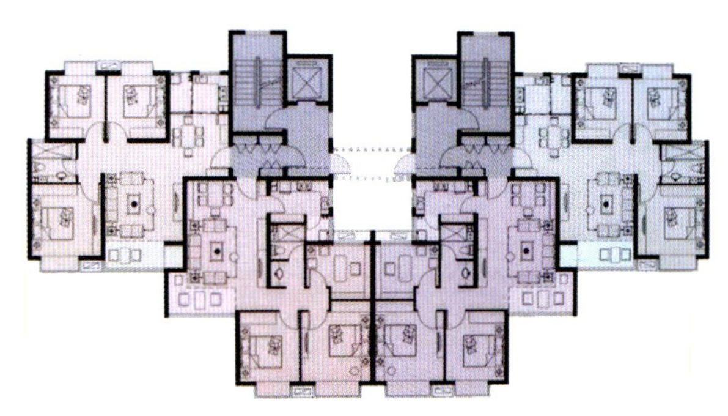

4.18层以上两梯四户单体平面[8]

第三是发掘东西朝向的潜力，来增加住栋单体数量。如前面提到的，当北方城市采用小户型后，如果仍沿用以往的规划手法，将导致容积率降低。为此，我们应进一步发掘用地的东西面宽资源。具体包括三种做法：一是缩小面宽，增加进深，这意味着有一些房间可能要变为半开间或间接采光甚至不采光，这需要对户内空间做进一步分析和细化设计。二是将板楼平面偏转0°～30°，充分利用上午或下午的日照。实验证明，在南偏东西15°的范围内对建筑冬季日照得热的影响很小，在南偏东15°～30°范围内，建筑仍能获得较好的日辐射热[9]。而偏转的结果是缩小了南北向的宽度。三是增加一些东西朝向的户型。目前，很多上班族(尤其是年轻人)对房间是否一定朝南的问题已经不太重视了。只要东西向的房价便宜一些，还是很容易被市场接受的。而相比之下，增加东西向的房间基本上是不牺牲太多用地的。

三、小户型政策对住宅户型设计的影响

1.小户型设计的主要影响因素

首先是城市居民的生活方式。住宅与生活方式是相互影响、相互作用的，我们的生活方式也将随着小户型的推行而逐步调整和改变。我国小户型设计的指导性因素直接来源于当前我国城市居民的生活方式，如饮食习惯、作息规律等。在借鉴国外小户型的设计经验时，应根据我国的生活实际，进行合理取舍。

其次是家庭结构。家庭人口结构组成是小户型设计的重要影响因素。2005年底国家统计局全国1%抽样结果显示，城镇居民家庭的平均人口为2.97人。据国家住宅与居住环境技术研究中心2003～2004年进行的我国城镇住宅实态调查结果显示，套内平均居住人口为2.84人[10]。从家庭结构组成来看，小户型设计的主要户型将主要集中在两室户和两室户加一个较为灵活的空间。

第三是市场需求。在《中国宜居城市研究报告(北京)》的调查报告表明，在小户型的消费群中，消费者对小户型的价值付出和回报期望是有一个最佳匹配值，即是对于不同消费群体小户型的面积是有差异的。据世联地产顾问（中国）有限公司调查，购买90m^{2}以下人群中，愿意接受的房价在30～70万之间的客户占了73.5%，对应于当下北京四环和五环之间，建筑面积约在50～70m^{2}之间的住宅[11]。从上述两份调查报告表明，消费者对小户型面积的需求存在着层级差异，并非只要90m^{2}以下就是受欢迎的小户型了。

最后是节约资源。避免出现大比重的90m^{2}一室户或两室户，合理根据居室个数控制户型面积，用最少的建筑面积设计出合用的各类户型。国六条的小户型政策，其中90/70这对数据对设计的影响最大。目前我们关注最多的是建筑面积90m^{2}的三室户设计，认为这是住宅新政对户型设计的最大影响。然而国六条政策的出台背景之一是节约资源，包括节地、节能等，所以我们的关注点不仅是90m^{2}下做一室户、二室户或三室户，而是用最少的建筑面积设计出合用的各类户型，这才能真正起到节约资源的作用，同时也才能使住房的总价控制在最低的限度。

2.小户型设计的主要理念

第一是实而不华。小户型政策的初衷之一是为低收入者和刚步入社会工作的年轻人提供购房的机会，所以在户型的设计中要务实地为住户提供必要的生活空间和设施，用最少的建筑面积设计出合用的各类户型。因此，尽量设计出三居室的户型是实现实而不华的关键。

第二是确保居住舒适度。户型设计的目的是为适应新的生活方式，创造宜人舒适的居住环境。在小户型政策下，居住空间缩小与现代人居住行为模式日益多样化的矛盾，要求我们不能把小户型简单地视为各空间面积的缩小，而应是在面积有限制的情况下，对住宅各空间的面积进行再分配及推进空间的精细化设计，从而提高居住的舒适度。

第三是生活模式和空间组织的重塑造。小户型的推广是住宅设计适应新的生活，同时也是人们生活方式的一次变革。小户型的消费群体构成呈现多样化的特点，所以要求住宅户型设计需要考虑之间的差异性。这些需求的直接反应就是要打破传统概念上的一居、二居、三居等套型模式，以实现满足消费者各类生活方式的空间自由组合。

第四是健康生活。在产品多样化的市场中，消费者对住宅的关注点将从住宅位置、价格等因素扩展为居住环境、健康、宜居等和自身关联更为密切的要素上来。生态绿色技术和材料的应用将成为住宅设计的新亮点和新趋势。例如良好的通风条件、充足的日照、无污染的建筑材料、节约资源的设备和材料等。另外，健康生活中有对老年人和生活不方便的人群的关注，无障碍设计是户型设计中不得不考虑的问题。但是在小户型中，由于面积的限制，在许多空间，尤其在多室户的住宅中更难以满足。此时我们需要通过调整各功能的面积配比，或预留将来改装可能的装置，满足无障碍的要求，确保使用者在住宅中健康方便地生活。

3.小户型面积分析

国六条出台之后的一段时间内，房地产商和建筑师特别关心的是90m²指的是套内建筑面积还是套内建筑面积加公摊面积。在后来国务院相继出台的政策中，明确了90m²为建筑面积（即套内建筑面积加公摊面积）。而90m²的限制对多居室的设计影响最大，一般认为在90m²建筑面积下，最多只能做出适合居住的三室户，而四室户的空间效果将会不舒适。下面针对90m²作面积的细分研究。

首先，对于不同高度的住宅单体，层内交通公摊面积基本可以根据住宅设计规范和防火规范来确定（图5）。

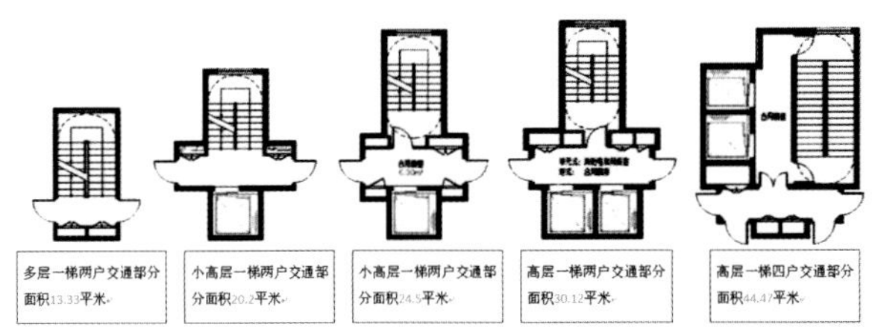

5.住宅交通核形式
图片来源：90m²住宅设计研究.付昕

第二，阳台面积在小户型中的算法，直接关系到90m²是否能顺利地做出三室户，也是目前小户型中面积尚可商榷的余地所在。一种观点建议阳台不算面积。但这样市场可能会出现小户型大阳台的户型格式，把阳台稍加隔断，即可以成为室内空间使用，尤其在不受保暖限制的南方，将更为方便。由此，开发商可以从中渔利。第二种观点是按以前的阳台面积计算方法，即开敞阳台面积按一半计入建筑面积，这样可能会导致阳台在小户型中消失。在三室户的户型中，室内各空间的面积已经十分紧张，开发商可能取消设置阳台，这样将会对住宅居住使用造成较大的影响，原先由服务阳台和生活阳台承担的功能，将不得不移入室内，增加了室内空间的负担。第三种观点是限制一个阳台的面积，只要小户型的阳台面积在限制范围内，将不把阳台面积计入套型建筑面积。从小户型设计的实际出发，第三种较为切实可行。

第三，根据居住功能基本要求可以得出住宅各空间使用的最小尺寸和面积，见表1。继而在此基础上可以推算出三室户可能的面积分布情况，见表2。

90m²三室户的各空间的面积配比　　表1

功能空间	起居室	厨房	卫生间	主卧	次卧
生理尺寸(m)	3.3×3.6	1.8×2.1	2×1.8	3.3×3.6	2.7×3
最小面积	12m²	4m²	3m²	10m²	6m²

数据来源：住宅设计规范2003

90m²三室户各空间面积配比（以一梯两户小高层为例，面积单位：m²）　　表2

建筑面积	套内面积	得房率	餐起空间	主卧室	次卧室1	次卧室2	厨房	卫生间	玄关	开敞阳台	生活阳台
88.01	12m²	87.07%	28.5	12.6	10.00	9.00	4.95	4.40	4.0	4.82	1.74

数据来源：90m²住宅设计研究.付昕

4.小户型精细化设计途径

首先是空间的复合利用。使用功能空间的尺寸和面积的确定，主要由家具等设备、人体和操作活动三部分所需面积组成。空间的复合利用源自家具设备功能的多义性以及在同一空间中操作活动的多样性，可以使同一空间具有多种功能。在小户型的空间设计中进行有机组合，使各部分面积紧凑合理，可以有效节省面积。小户型设计中，可以进行空间复合利用的点可以总结为：

（1）起居室空间的复合利用

起居室主要承担家庭成员的集体生活、接待客人、娱乐活动等功能。但是在北京万科青青家园的后评估服务中，统计表明，在家接待客人每个月一次或一年几次的客户占了66%，在多数客户家中，起居室承担了较少的接待客人的功能。因此，在小户型中，家庭人口较少的情况下，可以考虑把起居室空间结合其他功能进行设计，如把起居室和餐厅或书房结合等(图6)。

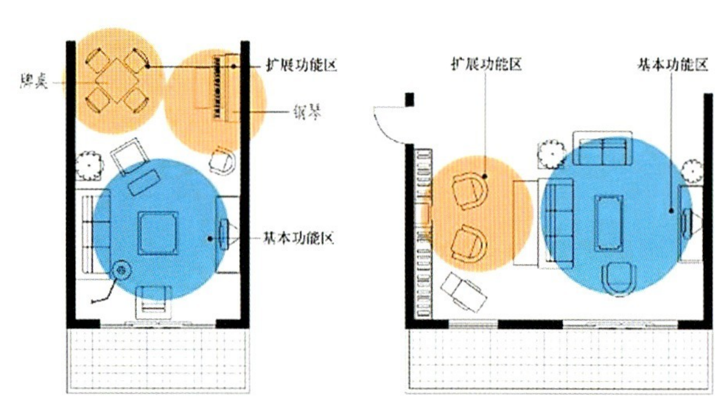

6.起居空间复合利用
图片来源：集合住宅设计原理及其应用.周燕珉

(2)餐厨空间的复合利用

紧凑的小户型中，一般难以有独立的餐厅空间，除了上述可以把餐厅和起居室结合外，还可以把餐厅和厨房进行有机结合。从我们国家的饮食习惯出发，一般可以采取烹饪和清洗部分封闭，其余部分敞开同餐厅结合，这样可以在保证餐厨功能完善的前提下，实现空间的复合利用。目前，小户型的消费群体中，在家中做饭的频率呈现下降趋势。所以，在精装修的产品中，可以根据客户的意愿，采用完全开敞的厨房，和餐厅实现更好的结合(图7)。

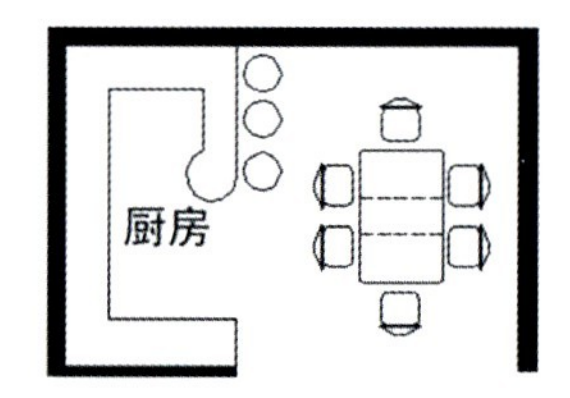

7.餐厨空间复合利用
图片来源：集合住宅设计原理及其应用.周燕珉

(3)生活阳台的复合利用

生活阳台可以和衣物的洗晾晒结合，把部分卫生间和服务阳台的功能移到生活阳台上(图8)。

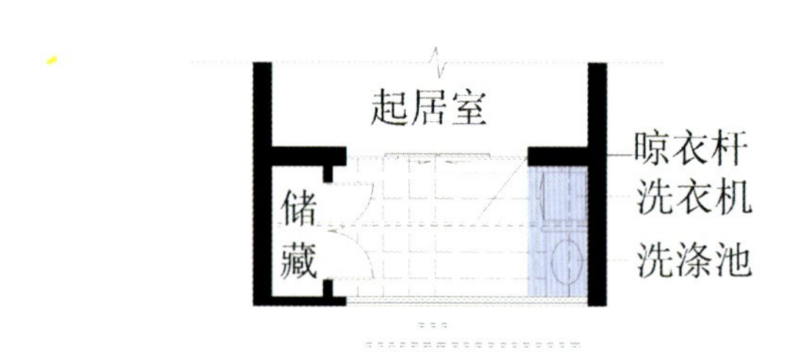

8.生活阳台空间的复合利用
图片来源：集合住宅设计原理及其应用.周燕珉

(4)卧室书房的复合利用

现代的都市家居空间中，应该考虑为住户设立学习工作的空间。但是在小户型中，为节约面积，可以把学习和工作的功能分别分散到卧室、起居或餐厅，形成彼此互不干扰的空间。在卧室中考虑为工作和学习留有一定的空间，这样可以代替单独设立一个书房，从而节省面积(图9)。

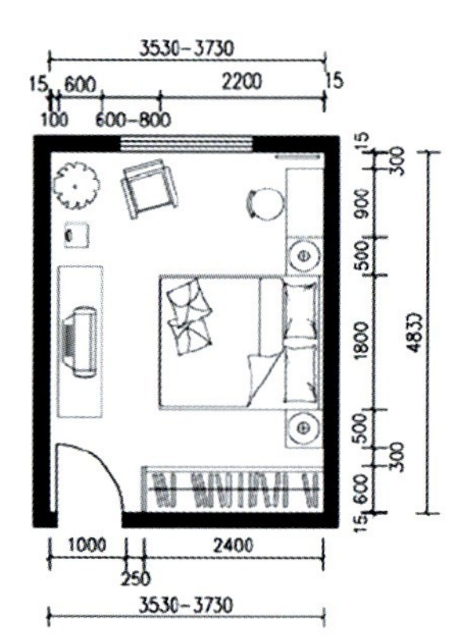

9.卧室书房的复合利用
图片来源：集合住宅设计原理及其应用.周燕珉

(5)次卧功能的多样化

在北京万科青青家园后评估调查中，统计表明，在家留宿客人的一年几次或从来没有的客户占了86%[12]。由此，传统户型中客房在小户型中就可以功能多样化，这样不仅可以满足客人短暂居住的需求，同时可以提高次卧空间的使用效率。多功能间可以承载书房、短暂留宿客人、儿童卧室、储藏间、家务操作间等多样化的功能，起到了一间多用的效果(图10)。

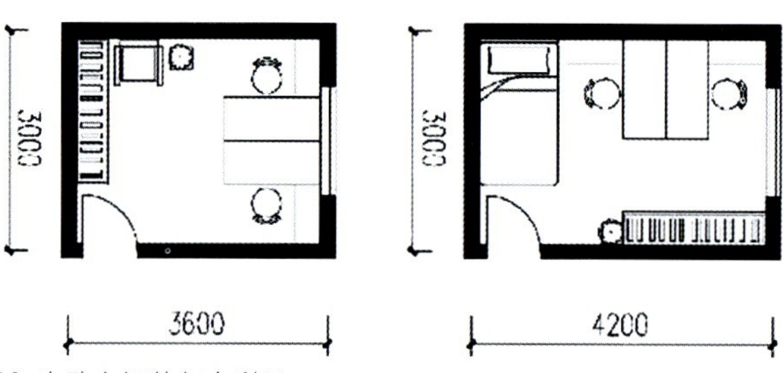

10.次卧空间的复合利用
图片来源：集合住宅设计原理及其应用.周燕珉

(6)卫生间空间的复合利用

卫生间的功能中，坐便器、淋浴有私密性的需求，而洗面器可以开放，同其他空间，如卧室入口空间组合在一起(图11)。

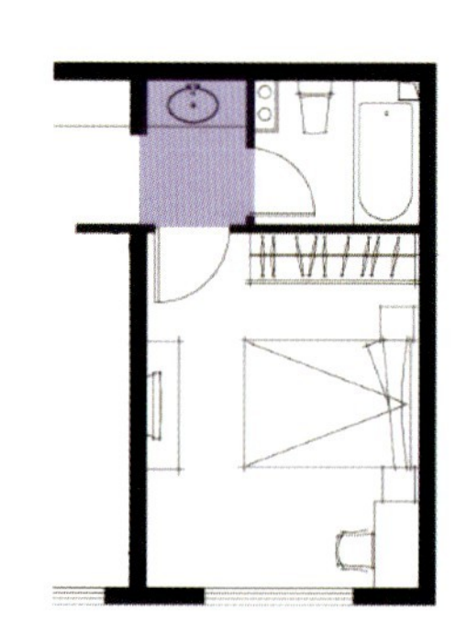

11.盥洗空间的复合利用
图片来源：集合住宅设计原理及其应用.周燕珉

以上住宅空间复合利用的实现均有赖于家具设备的精细化设计和空间组织的有效改进。

其次是减小面宽，紧缩中部[13]。在中高层塔式小户型住宅中，只有增加单元层的户数，才能有效降低各户分摊的公摊面积，因此为满足每户必须有一个主要房间朝南的法规，每户的面宽必须作相应的缩减。此外，紧缩塔楼单元层平面的中部有两方面的意义。一是通过紧缩单元平面和户型内部的中部公共区域，减少面积的浪费，以补充户型内部空间的使用需求；第二是紧缩中部后，可以减少北面户型的自遮挡，从而减少北向面宽。紧缩后的中部，其尺寸往往适宜布置厨房和卫生间的服务用房，且厨、卫的空间品质将不会受到影响。

第三是空间的灵活分割。在传统小户型设计中，由于各个功能空间的形式和面积、家具设备的放置等均作了精细的安排，达到了空间与行为活动的高度一致。虽然这样有利于节约面积，且在一定程度上利于提高舒适度，但是也带来了适应变化能力差的弱势。为了小户型能有更多适应生活变化的能力，空间的灵活分隔成为了解决问题的有效途径。

四、结语

综上所述，大户型住宅的风行是住宅新政之小户型政策出台的背景之一。由于大户型的盛行，带来了百姓购房经济负担过重，以及过度消费下的资源浪费。

回顾建国后住宅政策的发展，从中可以看到每一次住宅政策的变革，均对住宅设计产生了较大的影响。分析不同阶段、不同政策背景下住宅设计的经验与教训，可以更好地指导当下的住宅设计。

小户型政策对住宅设计产生了广泛而深远的影响。由于单位用地面积居住人口和住户数量的增加，对住区规划的形制、配套设施以及住区环境设计等方面都产生了较大的影响。由于户型面积的减小，小户型设计的关注点主要在于在小面积下提高居住的舒适性，这将有赖于进一步推进住宅的精细化设计。

*课程指导老师：张杰、邵磊、王韬

参考文献

[1] 国家信息中心编．2006中国房地产市场展望．河北：中国市场出版社．2006

[2] 杨继瑞等．房地产新政：现状、展望与思考．成都：西南财经大学出版社．2005

[3] 住区．北京：中国建筑工业出版社，2006(3)

[4] 百年建筑．北京：黑龙江科学技术出版社出版．第45期

[5] 世界建筑．北京：世界建筑杂志社，2006(11)

[6] 周燕珉、侯姗姗等．北京万科青青家园后评估报告A卷—调查统计报告．2004

[7] 付昕．90平米住宅设计研究．2006

[8] 周燕珉．集合住宅设计原理及应用课程讲义．2006

[9] 叶歆．建筑热环境．北京：清华大学出版社，1995

注释

1.国家信息中心编．2006中国房地产市场展望．河北：中国市场出版社，2006．13

2.国家信息中心编．2006中国房地产市场展望．河北：中国市场出版社，2006．53

3.数据来源：http://house．focus．cn/news/2006-12-17/264689.html

4.数据来源：http://house.sina.com.cn/news/2006-07-24/1521139182.html

5.参见本文中2006年全国平均套型面积的统计数据

6.作者自绘，数据来源：何建清．我国城镇住宅实态调查结果及住宅套型分析．住区．2006(3)．10

7.笔者自绘

8.中国创新90m² 中小户型住宅设计竞赛参赛方案

9.叶歆．建筑热环境．清华大学出版社．1995．111

10.数据来源：何建清．我国城镇住宅实态调查结果及住宅套型分析．住区．2006(3)．10

11.数据来源：王海斌，刘新宇．"国六条"背景下的客户置业意向调查报告．住区．2006(3)．16

12.周燕珉，侯姗姗等．北京万科青青家园后评估报告．A卷(调查统计报告)

13.周燕珉，林菊英．节能省地型住宅设计探讨——"2006全国节能省地住宅设计竞赛"获奖作品评析.世界建筑.2006(11)．122

作者单位：清华大学建筑学院

1. 巴埃萨近照
2. 伍重的绘画(用手思考)
3. 格拉纳达储蓄银行总部室内的震撼效果

我的建筑四要素

Four elements of my architecture

阿尔伯特·坎波·巴埃萨 *Alberto Campo Baeza*

编译：范肃宁

[编者按]巴埃萨(图1)的作品以干净、简洁著称，强调尽可能地利用一切自然的元素创造出丰富变化的空间。他的著名作品包括西班牙波祖罗镇的特尔加诺住宅(Tur é gano House)、赛维拉教堂、巴塞罗那文化中心(Barcelona Culture Center)、安达卢西亚地方政府办公楼、古拉罗住宅(Guerrero House)等。他的作品运用最简单的材质和色彩，搭配简明而巧妙的细节，却往往给人以感官上的震撼。其中，最具代表性的是2001年完工的格拉纳达储蓄银行总部(Caja de Granada)(图3)。

本期摘选了巴埃萨的5个住宅作品作为实例，并结合他本人所撰写的文字，展示出巴埃萨的艺术魅力和追求。

序：用手思考，用脑袋画图

2

无数次我都在想，如何才能够清晰地表达出我的想法，那就是"建筑师的工作就是建造思想"。在重力和光的法则下，我们产生思想。而要实现这些思想的可能性应该就存在于它们的萌芽期，当我们建造它们时，它们就完全地被表达了出来。建筑学有时会因为现实条件方面的原因而失去当初的创意，但这并不意味着建筑学总是朝着不可能的方向作徒劳无功的探索。恰恰相反，如果当初的想法是正确的，那么工作最终的结果会着实让我们感到吃惊的。然后我们便可静候诗意的气息出现，建筑有时会达到的"清风般的气息"并不只有在天堂才会出现。每一位建筑师都会了解这种感受。如果你要行走，那就必须迈出一只脚。如果你要奔跑，那就必须两脚腾空。然后，你就又会重新回到地面上，这就是"重力"，也是让你能够再次跑动的原因。

这是一幅美妙的画面，我相信其中一定综合了我所设想的一切构思：这是建筑大师乔恩·伍重所绘制的杰作(图2)，他激励着那些应该写点什么或是画点什么的人，拿起笔来去头脑中吸足墨水。建筑师，应该用他们的脑袋来描绘和构建，而用他们的手来思考。乔恩·伍重在他所在的那个年代，始终保持着清醒的头脑，似乎一直在马略卡岛上向我们微笑。因此，我发誓，作为一个用手思考的建筑师，我一定要创造出能够表达我的建筑精神的空间画面。

要素一：基台

人们常常会感觉到地平线的神奇，既可以说那条线分隔了天与地，也可以说天与地在这里交汇。就像森佩尔和

弗兰姆普敦所说的那样，地平线是神秘的，它把原本属于重力世界的立体领域与无重量感的天空与光的世界分离开来。但是地平线也不过就是地球边界显示在人们视野中的一条线罢了，它之所以如此特殊，是因为它相对于人的巨大尺度。人们总是寻找一处能够安营扎寨的平台，无论是小孩子们的游戏场还是英国史前的巨石阵。男孩子爱玩“篱笆圈”而女孩子爱玩“帐篷屋”，没有刻意的教育，这似乎是孩子们的天性。而他们都有很强的领域感和边界感。男孩子们在地上画出边界，女孩子们则常聚在一些遮蔽物下。

远古时期，人们就开始平整基地，设坛台，从而确认出某领域空间。人类为了遮蔽保护自己，便形成了两种基本的建筑手段：用垂直的和水平的构建限定空间。这就是大地和天空的界限。先不说是否舒适，在密斯的范思沃斯住宅中两个水平漂浮的平板之间是什么呢？密斯先构建了一个水平平台，然后又把它升到了人的视平线的高度，从而创造了一个和地平线重叠的空间。由于地平面被抬高，因此就需要设置一个明显的出入缓冲平台，而入口平台也是一系列漂浮的平板。一旦进入到房间内，就立刻感觉像是站立在筏子或是飞毯上一般。空间是如此宁静安详，不仅仅是因为古典风格的陈设，更重要的是因为它与视平线(地平线)重合。事实上，密斯为了使地面能够保持绝对水平，还发明了一个特殊的构件。你看，为了达到水平这一信念，大师绝对不允许脚下的地面有丝毫的倾斜。如果萨伏伊别墅不是一个抬升的水平空间，那将如何？柯布西耶将萨伏伊别墅的主要楼板抬高到地平面之上，感觉像是船的甲板一样，比范斯沃斯住宅还要高。密斯的“筏子”可以不需要任何栏杆，但是萨伏伊别墅绝对需要。于是我们看到了屋面庭院的矮护墙，这便形成了水平基台。坡道不但控制着我们的足迹而且限定了我们的视觉。由于在坡道中的缓慢攀升，坡道成了功能性的联系构建，而不仅仅是空间的联系体。

如果伍重的波尔图住宅不是嵌在悬崖上可俯视大海的水平板，又将如何呢？如果将范斯沃斯住宅比作是筏子，将萨伏伊比作是甲板，那就继续把波尔图住宅比作是一艘船。通过设在海边的水平平台和平台上的一簇构筑物，伍重有效塑造了一个类似船体的住宅。整个建筑的核心思想就是使其成为大地与海洋之间的衔接体。柯布西耶努力使他的建筑获得更多的天空，而伍重则通过操纵海与天之间的界限，而获得了更多的海洋。

要素二：重力

水平基台背后的成因是重力。

我们不需要从生理医学的角度来分析平衡，也不需要用耳孔里的欧氏管来解释身体和外界环境之间的物理关系。为了停留和休息，我们需要水平平台。我们需要平的桌子工作，我们需要平的床睡觉，我们需要平的椅子休息。如果我们知道了这一点，就会理解水平平台远远不是建筑师的奇思构想。

洞穴和屋舍

当人类还生活在洞穴中时，他们就制造不同高度的平台以适宜不同的功能用途。基本的水平面成为大家活动和生火的区域。然后不同的较小的稍高的平面就成为坐和躺的空间。当人离开洞穴开始自己建造构筑物时，总是选择地势平坦的基地，或者将坡地垫平。

高台

我们可以想象通过削砍岩石使其成为建筑基础的平台。于是砌筑高台便由此开始：而且高台往往是巨大的、厚重的。密斯的土根哈特住宅以及巴塞罗那展览馆，都属于构筑高台的手法。

要素三：光

上帝说：“要有光”，于是就有了光。他看光是好的，就把光暗分开了。

“我追随我的脚步，不是随着思想或石头，而是随着空气与光。”

——墨西哥诗人奥克塔维欧·帕斯

(Octavio Paz)：《空气的儿子》

光是物质（关于光的物质性）

当建筑师发现光是建筑的核心主题时，那么他便开始成为真正的建筑师了。光不是虚无的含糊不清的，不要想当然地认为光总是一成不变的。太阳每天升起不是徒劳无用的。太阳是一种物质，可以测量，也有重量，物理学家很清楚这一点，但是建筑师却总是忽视它。光和重力都是不可避免的。建筑师们应该总是带着指南针和光度仪，就好像总是带着米尺和铅锤一样。

如果光与重力的对话让建筑艺术得以升华，那么寻求它们之间和谐和奇妙的关系就会达到一个新的高度。由此就会发现，光是唯一可以挑战重力的物质。因此，建筑师应当能够利用和控制太阳和光，让它穿越充满重力的空间，传输重力的原始力量，让空间漂浮起来。建筑中的光具有与石头一样的物质性。哥特式建筑之所以如此神秘伟大，就是因为它将光的特点发挥到了极致。光不能被制造，不能被消除，只能转换。

光的类型

关于密斯的玻璃屋的魅力我们已经谈过了，而如果建筑中其他所有的设施，包括结构、构件、功能流线以及环境等等，都保持原样，唯独把光这一要素取消，那么这栋建筑将变得一无是处。玻璃屋的建筑师皮埃尔·夏洛把光线当作是一种建筑材料来运用，他认为应该赋予光以物质实体。说光同石材一样是建筑材料似乎没有任何意义，但这仅仅是开始。因为大多数建筑师并没有意识到这一点，因此这也就导致其结果达不到这一层面。

光线的种类多种多样，我们现在就来谈谈。在早期，当人们需要屋顶的光线时，他们无法做到在屋顶上开洞，因为这样一来，就会有漏雨、进风雪的问题。只有万神庙的诸神才能够享受到顶部的光线，因为伟大的艾德里安在建筑顶部设计了一个抬升的隔层，于是万神庙便获得了垂直的光线。

也正因为如此，整个建筑的发展历史中，光都是水平向的，从竖向的侧墙射进来的光线似乎成为惯例。因为光线是斜向射入建筑的，因此建筑的大部分历史都可以被看成是把水平光或是斜射光转变成垂直光的探索历史。这也就是哥特式建筑的成就所在。如果你了解到哥特式建筑是在试图获得最为垂直的光线，得到最好的光线质量的话，你就读懂它了。而到了巴洛克时期，建筑师便尝试使用一些创新的机械设施来变换光线，将水平向的光线转变成垂直的光线，这样又比哥特时期获得了更多的垂直光线。纳西索(Narciso Tomé)设计的多伦多大教堂就是最好的例证。我不知道阿尔罕布拉宫浴场的建筑师们是否意识到他们所创造的奇迹，他们在宫殿穹顶上的开窗不仅仅是为了能够采光，而且也是为了排除浴室中的水蒸汽。但无论如何，也许他们并不知道他们制造的开口让光线像刀锋一样射入室内。坐在室内观察光线的变化，感受和触摸它的运动是非常奇妙的，在那里进行沐浴一定是非常激动人心的。甚至到今天，在伊斯坦布尔的一些土耳其浴场里，仍然能够看到这类的空间，弥漫的蒸汽让束束光线变得柔白而实在。

虽然我不知道，但是我设想当柯布西耶设计无与伦比的奥赞方工作室(maison ozenfant)时，一定已经意识到他后来所运用的散射光理论。在连续的透明屋面上，锯齿状的构件勾勒出漫射光线的实体。倾斜的玻璃交角汇合出迷人的三面体般的光线效果，而这在现代建筑界鲜为人知。显而易见，只有当建筑窗洞正朝南向，而且在适宜的太阳角高度时，直射光线才能进入室内。正是这创造出无数奇特效果的南向直射光线让你激动万分。而漫射光则通常是从北侧进入室内的，由此获得安详宁静的空间氛围。牢记这些原则，我们就可以根据方向和时间来利用各种不同种类的光线，并深入研究建筑中各种光表现力的细微差别，如朦胧的、背景衬托的、阴暗的、明亮的、色彩斑斓的等等。

要素四：白色

伟大的画家利用白色来表现光，使其固化为物质形体。西班牙画家戈雅用高纯度的白色来表现人物的恐慌和嘲讽。阴暗的白色让苏黎世修道士的长袍显得特别显眼。维拉克茨(Velazquez)运用白色薄雾渲染画中场景的空气的致密感。建筑中的白色比绘画中的白色更加纯净，它不仅仅是一种抽象的概念，它是演绎光的画布。一旦光线得到了控制，白色的实墙就成为其表演的舞台，空间也由此而改变。而正是通过光，人与空间之间产生了巨大的和谐。

这就是我对创造建筑历史的大师作品的理解。密斯的杰作范思沃斯住宅是白色的；而最佳例证柯布西耶的萨伏伊别墅也是白色的；伯尔尼尼那动人的耶稣会神学院教堂是白色的；古根汉姆博物馆是白色的；伍重的哥本哈根的Bagsvaerd教堂也是白色的。白色是万神庙顶部的光环，它象征永恒，是宇宙空间的颜色。时间会把头发和建筑都变成白色。

白色就如同震耳欲聋的噪声后突然的静寂，如虚华无意义的装饰之后的赤裸，如繁杂之后的简化，如出现后的消失。白色而真诚的建筑追求所有而又无所求：繁与简并存。

正如梅尔尼科夫(Melnikov)在阐释他的白色莫斯科住宅时所说："我希望建筑脱去大理石的服饰，去除所有的装潢，就把它自己真实地呈现出来：像一位年轻优雅的女神，显示出真正的美。"

***图片由阿尔伯特·坎波·巴埃萨建筑事务所提供**

作者单位：阿尔伯特·坎波·巴埃萨建筑事务所

葛雷洛住宅

GUERRERO HOUSE

建设地点：西班牙 加的斯(Cadiz)

建设时间：2004年

建筑设计：阿尔伯特·坎波·巴埃萨

(Alberto Campo Baeza)

合作设计：Ignacio Aguirre

Miguel Vela

为了建造一栋充满阳光和与之和谐共存的阴影的住宅，为了创造发光的黑暗空间，于是我们有了这栋住宅。

我们在33m×18m的方形场地上建造了8m高的高墙，中央的9m×18m的长条形区域盖以屋顶。然后将9m×9m的屋面抬高至8m，使其与周围的围墙同高，这是为了使中央的空间充满阴影。我们使住宅室内的前后两侧开敞，并且顶部向外悬挑3m，以遮挡阳光，使室内光线变得更加柔和。而左右两侧的空间则是卧室和盥洗室。

在建筑前部的入口处，4棵柏树标示出建筑的中心和主要轴线，两侧是矮墙，服务空间便隐藏其后。在建筑后部，另外4颗柏树排成一行。

这就是含有阴影的充满光的住宅。

*图片由阿尔伯特·坎波·巴埃萨建筑事务所提供

1. 天物合一的神奇
2. 葛雷洛住宅剖透模型
3. 葛雷洛住宅平面图
4. 远望葛雷洛住宅

2

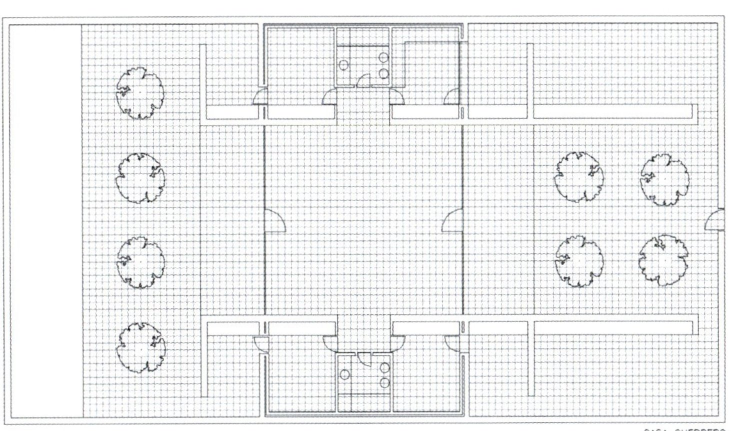

3

4

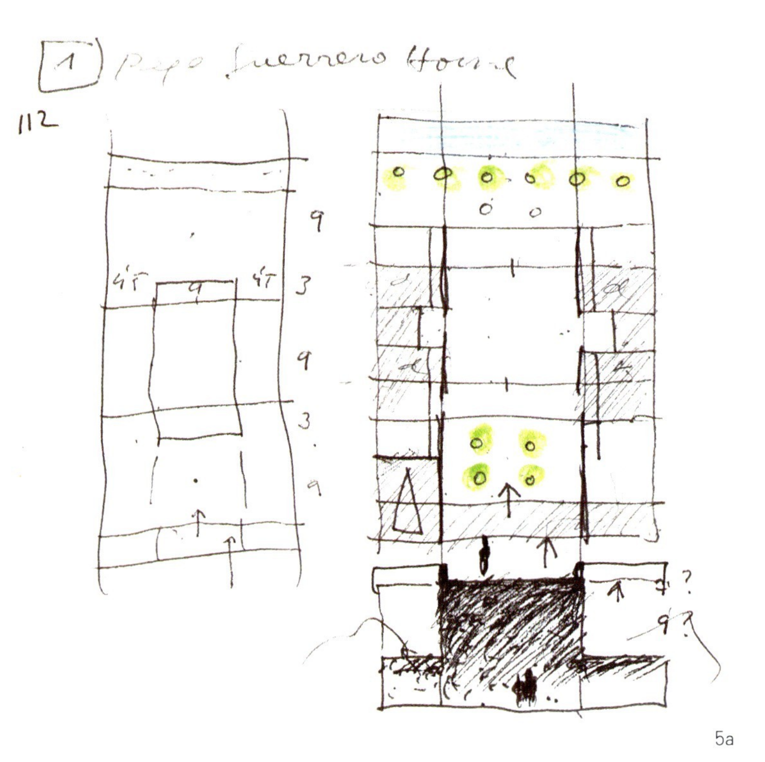
5a

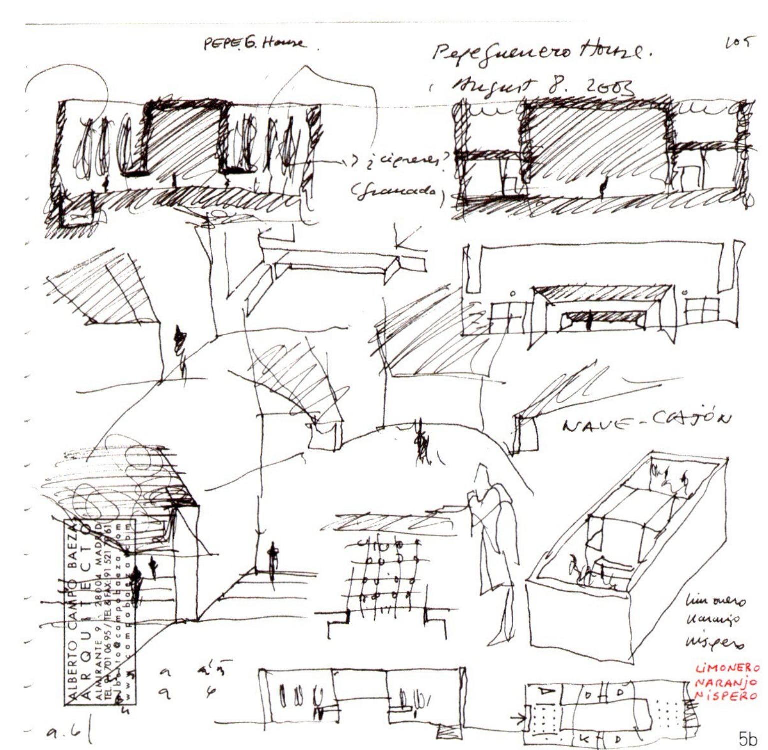

5b

5a～5d.葛雷洛住宅构思草图

6.葛雷洛住宅室内

7.葛雷洛住宅庭院内景

6

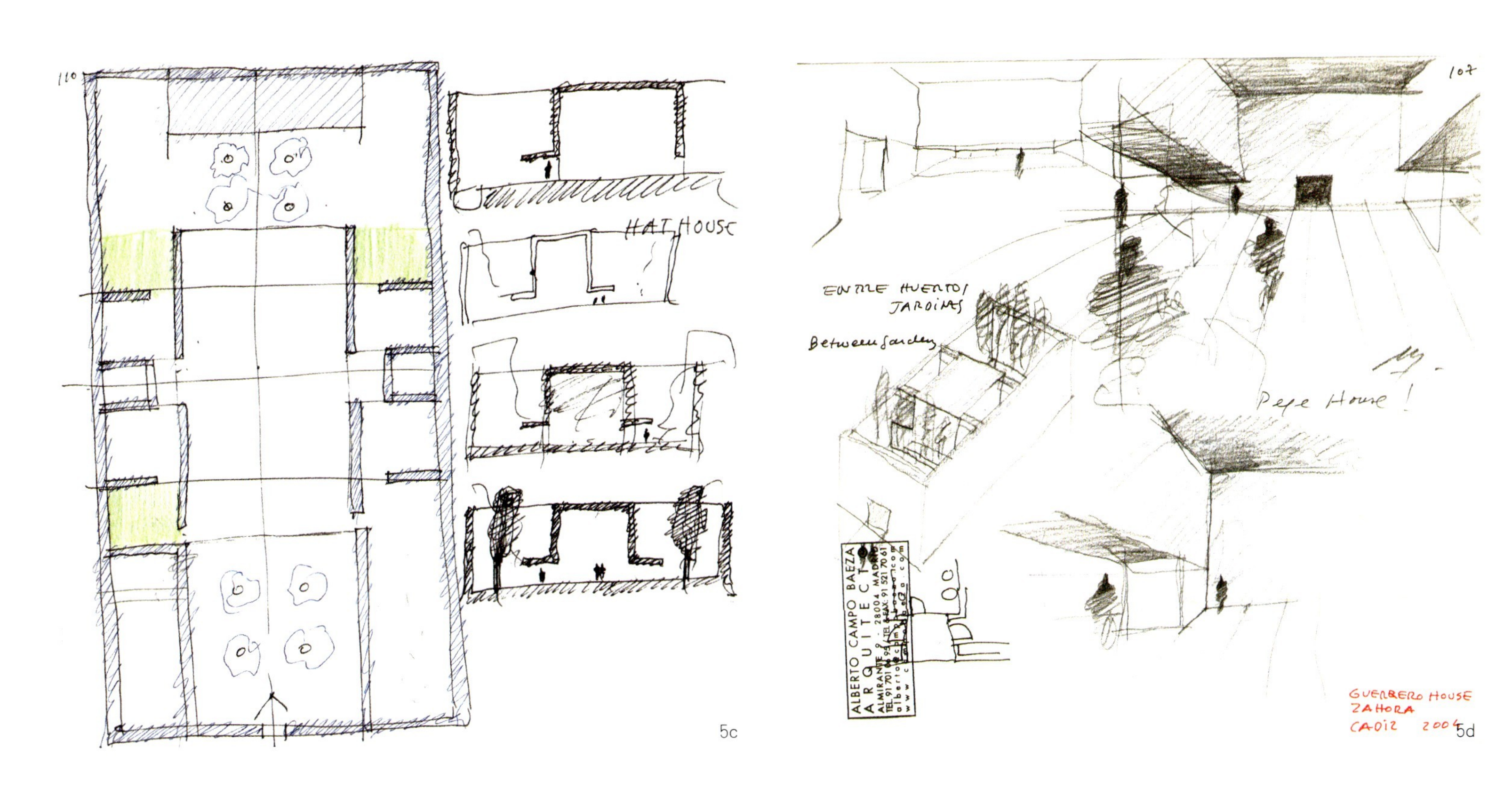
110
HAT HOUSE
5c
107
ENTRE HUERTOS/
JARDINES
Between gardens
Pepe House!
ALBERTO CAMPO BAEZA
ARQUITECTO
GUERRERO HOUSE
ZAHORA
CADIZ 2006
5d

7

光与影的盒子

CASA ASENCIO. PASCUAL

建设地点：西班牙 加的斯（Cadiz）
建设时间：2001年
建筑设计：阿尔伯特·坎波·巴埃萨
（Alberto Campo Baeza）
合作设计：Ignacio Aguirre
Miguel Vela

加的斯强烈的阳光，成为这栋住宅建造的主要材料，斜向穿插的空间被从对角线射入的光线穿透、切割、划分。

我们希望创造出一个简单纯净的住宅，让人们尽情享受生活。从用地现状和方位出发，我们决定通过将两个空间在不同标高处取得联系，来塑造出一种斜向穿插的空间效果，因此使得该斜向空间获得比3倍高的空间还要震撼的效果。从巨大天窗倾泻而下的阳光在室内暗示出太阳所处的南向，整个空间也因这束光线而显得富有张力。

室内空间通过一个深廊通向庭院，深廊外侧的巨大门洞成为在室内观赏景观的取景框。室内地面一直延伸至室外，形成了一个与室内面积相当的大平台，就如同漂浮在庭院中一般。没有围墙篱笆的庭院，草坪是惟一的主角，沿着周边的高尔夫球场伸向远方。

在基地的另外一侧（朝向建筑入口道路和相邻建筑的一侧），建筑以一堵坐落在用地中央的白色墙面示人，毫不张扬但却震撼。

1. 巨大的门洞和平台
2. 室内斜向空间的穿插
3. 矩形的天窗与门洞

在满足了根本的设计原则之外，住宅便以多种不同的方式向周围的景观开设洞口。在书房，巨大的方形窗洞勾勒出室外高尔夫球场上的那片美丽的松林。而屋顶露台墙面上的矩形天窗也运用了同样的设计手法，从这里可以看到远处的大海。

总体上看，建筑就如同一个正方形被切成了2块，或者更确切地说，是被切成了相等的4块。前半部分是通常的起居空间、餐厅和书房。后半部分再加上竖向交通空间，则是更加私密的卧室和盥洗空间，并且以基本的方式组合起来。

建筑的建造很简单，最终的外墙也涂成了白色，就像所有安达卢西亚（西班牙南部一地区，位于地中海、直布罗陀海峡和大西洋交界处。这个地区有壮观的摩尔式建筑，包括塞维利亚、格拉纳达和科尔多瓦等一些历史古镇——译者注）的当地住宅一样。这栋建筑建成后，似乎很久以前就已经在那儿了。在建筑内部，你可以领略“光和影”、“空间和时间”的表演。所有的一切都是这么简单，没有任何多余的东西。

*图片由阿尔伯特·坎波·巴埃萨建筑事务所提供

2 3

4. 首层平面图
5. 二层平面图
6. 总剖面
7. 横断面

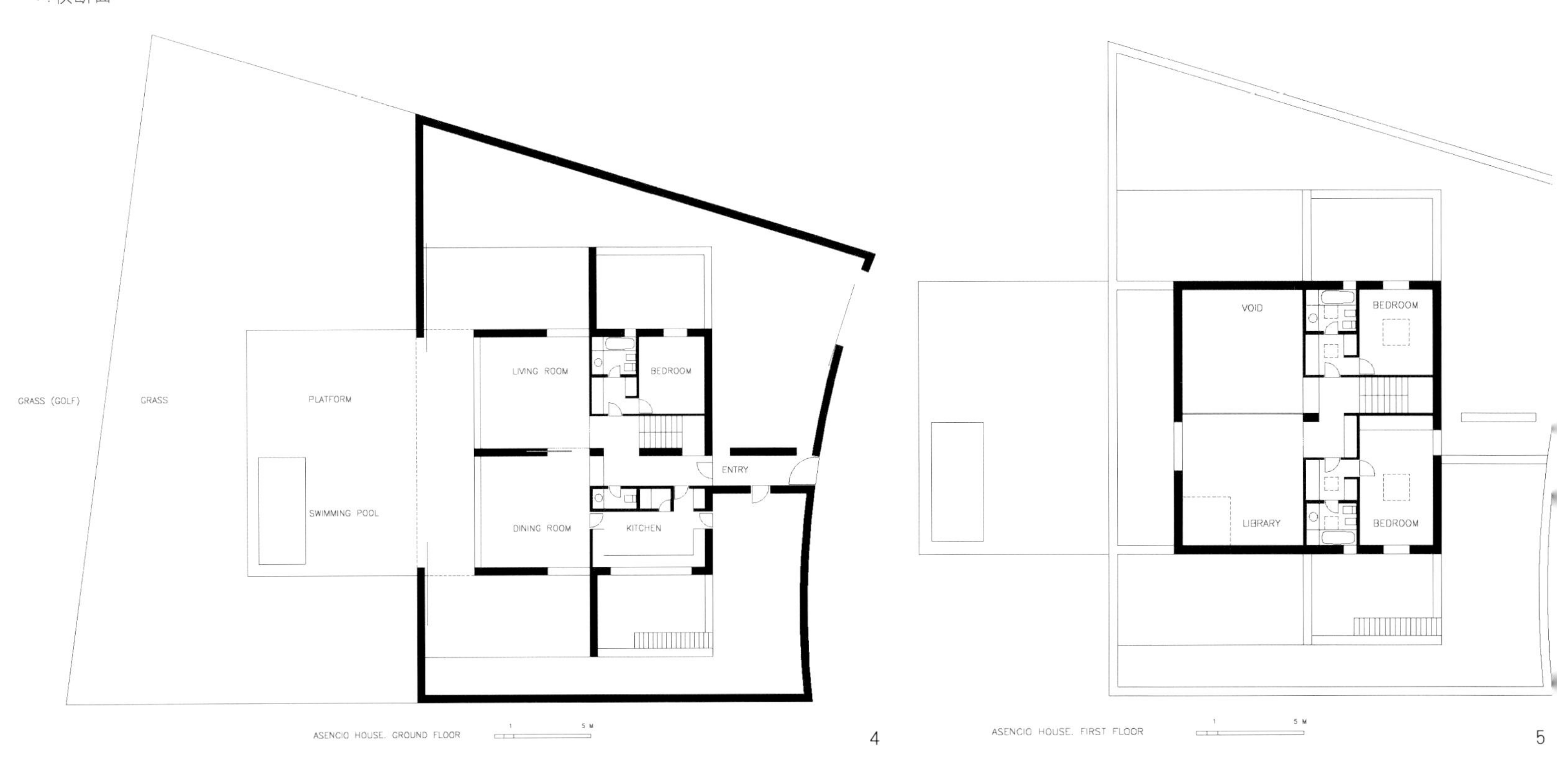

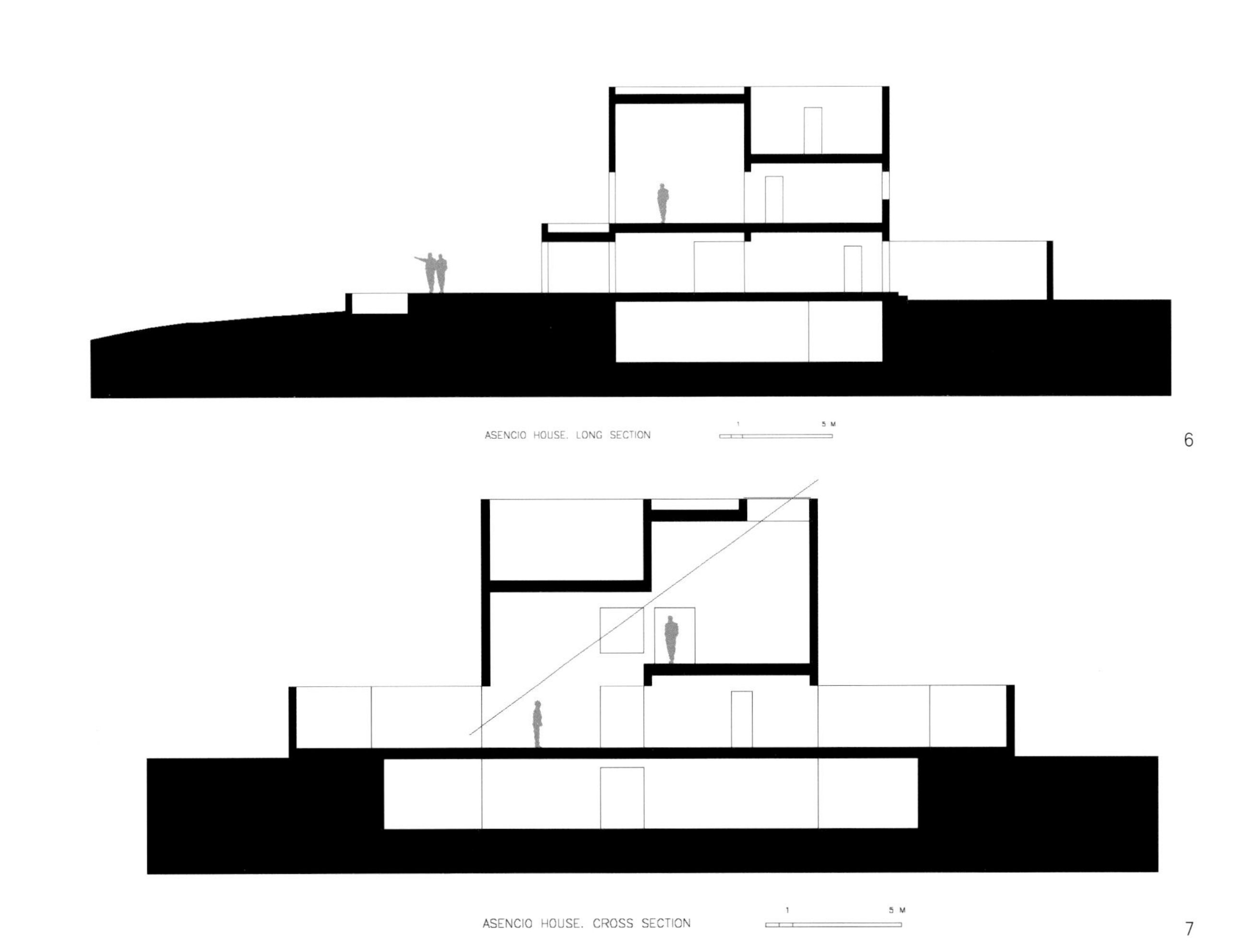

加斯帕住宅

Gaspar House

建设地点：西班牙 加的斯(Cadiz)

建设时间：1992年

建筑设计：阿尔伯特·坎波·巴埃萨

(Alberto Campo Baeza)

在业主的"绝对封闭"的要求下，建筑的构思便从"内省的庭院"开始了。整幢住宅通过4堵3.5m高的围墙围合出一个18m见方的区域，方形平面被划分成了左中右3个相等的部分，但只有中间的部分有屋顶。然后整个方形平面又被2堵2m高的墙体横向分成了面积比例为1:2:1的3块，服务空间都安排在上下两边。

中间部分的屋顶较高，为4.5m。较低的横墙插入屋面较高的空间之中，形成了4个2m见方的开口，并用一整块无分割的玻璃将其封闭。正是这4个开口使得地面的铺砖一直延伸到室内，有效地形成了一种室内室外连续贯通的效果。

所有元素的白色使得建筑更加纯净和连续。平面的双对称格局被4棵对称布置的柠檬树所强化，更凸显冥想空间的静寂感。

这栋建筑中的光线是水平的、连续的，并被东西向的庭院围墙所反射。水平向的光线使得简洁、舒缓而连续的空间富有张力。

建筑师本人为这件作品专门写过一篇文章——《夏天，我的建筑有阴影》。文章中这样写道：

"夏天，4堵墙体之间形成了阴影。暗黑色的阴影穿行在光束的交战中。

夏天，我的建筑是静寂的，是天堂般安宁的世界。

夏天，我的建筑是避难船，载着朋友们来寻找惬意，挽救逝去的光阴。如诗如梦般的空寂也许是生命中最美妙的，而它就诞生在此。"

但是，最终，究竟这栋建筑是什么呢？它像什么呢？它只是一栋简单的建筑而已。4面高墙，纯白精美，构思单纯。室内的阴影面有序而恰到其分，与明亮的光线形成鲜明对比。石材地面纯粹完整，就好像大地浮出，承托着我们的赤足。后院的中央设置了一片清澈的池塘，水面平静安宁。由此这片水面在光和影的映衬下也成为了一面镜子，成为天空的反射镜。在4个重要的节点处，完整的石材地面被挖出方坑，柠檬树就种植在这里。每天早晨，都会用它白色的花朵向我们致意。

内省的庭院、天堂、室外桃源——这就是我的夏日住宅。4面墙、1棵树和1个水塘。光和影的演绎、清新的石材地面都给予我们喜悦。总之，人世间的天堂不是这样是哪样呢？

*图片由阿尔伯特·坎波·巴埃萨建筑事务所提供

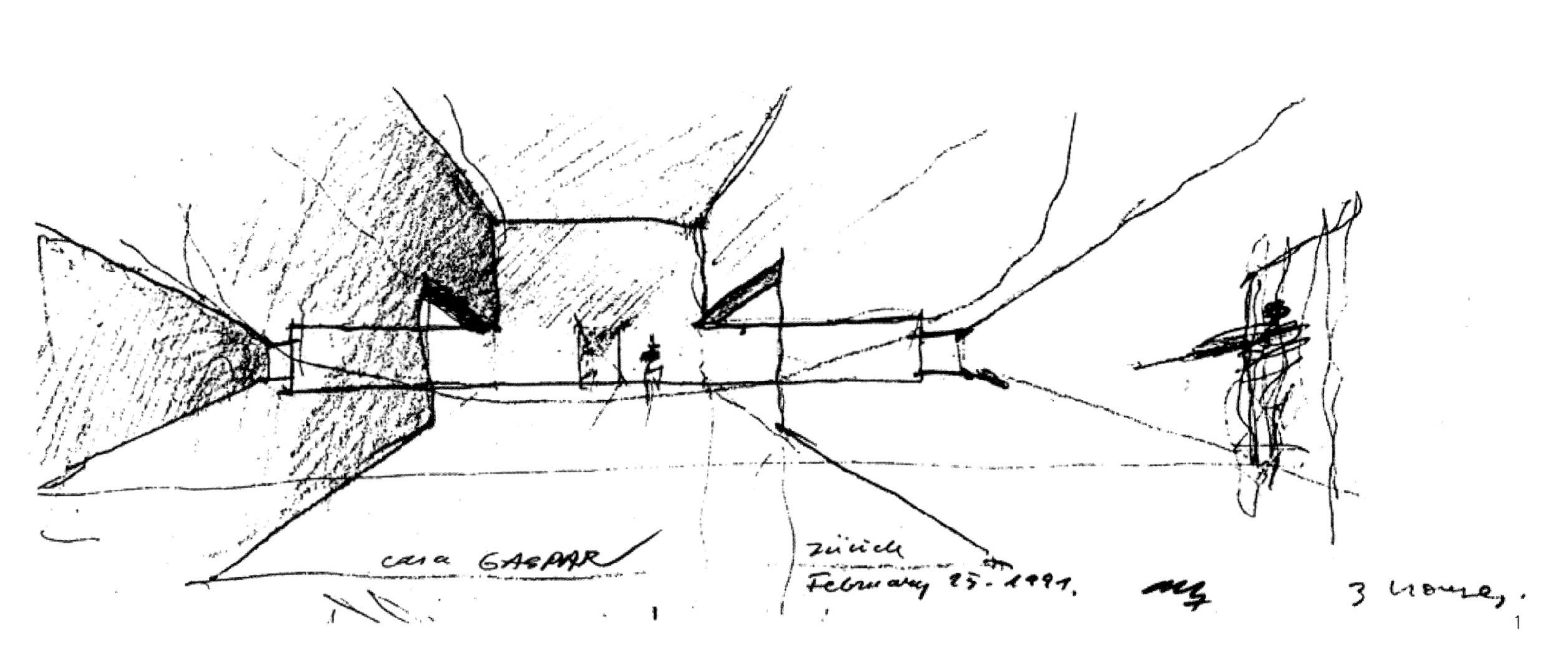

1

2. 加斯帕住宅平面与剖面
3. 加斯帕住宅轴测图
4. 加斯帕住宅建筑外观
5. 加斯帕住宅庭院内景

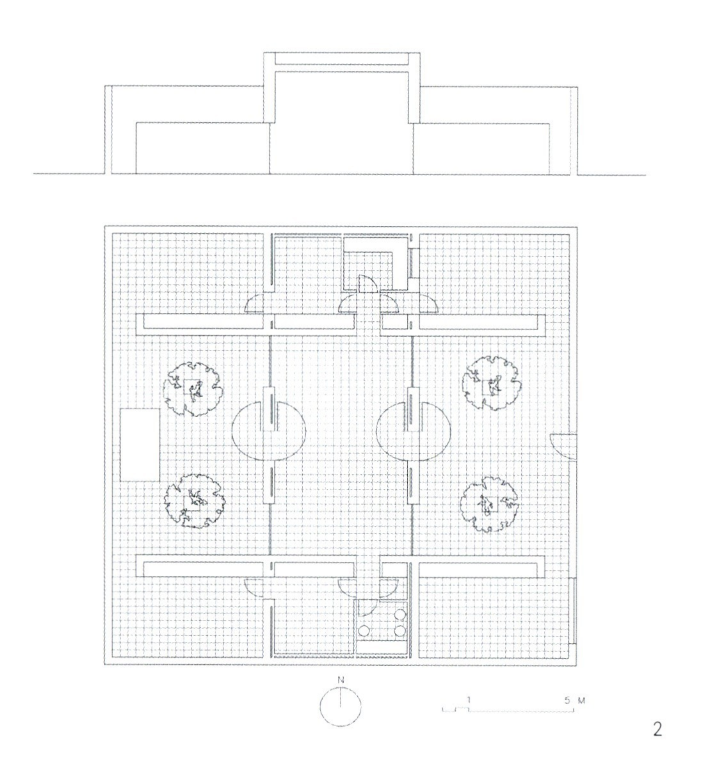

2

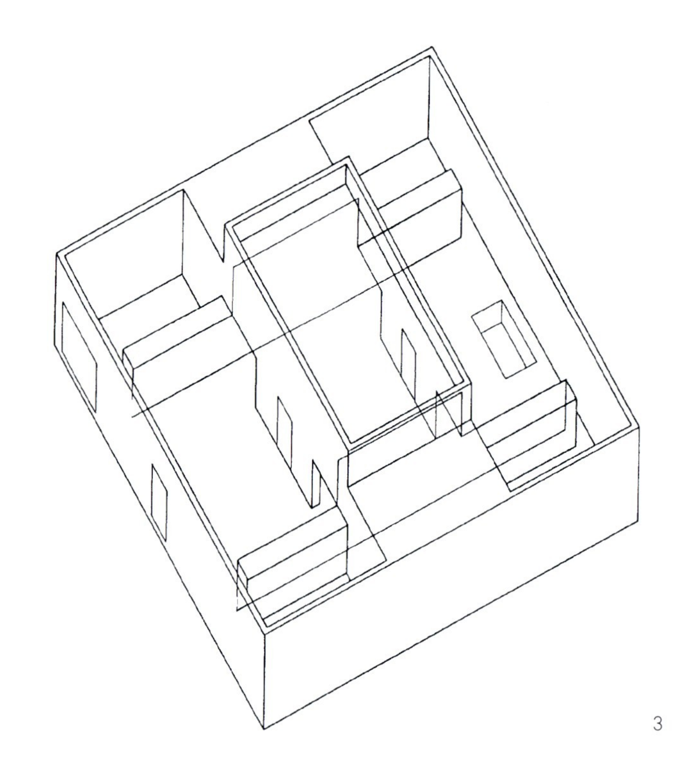

3

4

奥尔尼克·斯巴努住宅

Olnick Spanu House

建设地点：加里森–纽约（Garrison– New York）

建设时间：2003年

建筑设计：阿尔伯特·坎波·巴埃萨

（Alberto Campo Baeza）

这是一个异常宁静的地方，一天的大雾和阴霾之后，一缕强烈的光线从静寂深邃的哈得孙河面上反射而出。这是一个日落时有成千上万种色彩，水面折射出成千上万束光线的地方，这里空气清新柔和，是最接近天堂的地方。

在如此美妙的地方，我们决定在证明我们的作品能够为环境增色之前，先创造一个强调周围景观的建筑。于是，我们建造了一个36m长16m宽3.6m高的巨形方盒，用敦实的混凝土墙体强调它与大地的关系。盒子的顶部是一个石头与混凝土砌筑的平台，这里便是人们生活活动的场所。为了遮挡阳光和雨水，我们建造了一个33m长12m宽2.7m高的屋面，屋面用一个由圆钢柱构成的6m X6m的框架结构支撑，整个屋面向结构外悬挑0.3m。然后，为了让这个空间适宜居住，我们用玻璃墙体环绕出7.5m X28m的通透立面。平台上的结构就好像是12条腿支撑着的大桌子。室内空间被不到顶的玻璃隔断分成了3部分，形成容纳楼梯、盥洗室的玻璃盒子。中央的空间是起居室，起居室一侧是卧室，而另一侧则是厨房和餐厅。

在下部的混凝土体量中，是另外几间卧室和盥洗室。中央是一个宽敞明亮的大厅，联系着主要入口和另一边的庭院。

这栋住宅的中心思想就是塑造一个大平台，这不仅是希望能够获得窗外的美景，而且也是为了展示业主的现代意大利艺术收藏品。

***图片由阿尔伯特·坎波·巴埃萨建筑事务所提供**

1.奥尔尼克·斯巴努住宅工作模型
2.奥尔尼克·斯巴努住宅首层平面
3.奥尔尼克·斯巴努住宅二层平面(玻璃屋)
4.5.奥尔尼克·斯巴努住宅设计草图
6.7.奥尔尼克·斯巴努住宅实景

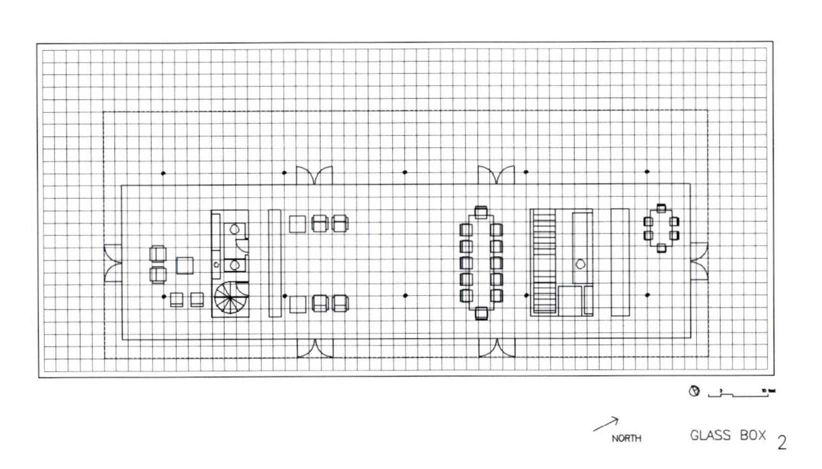

2

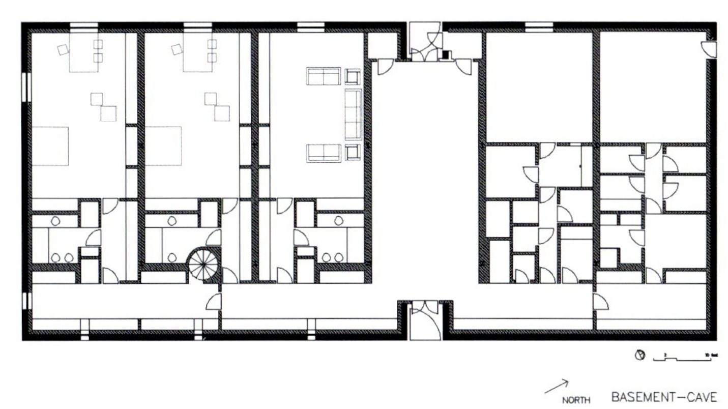

3

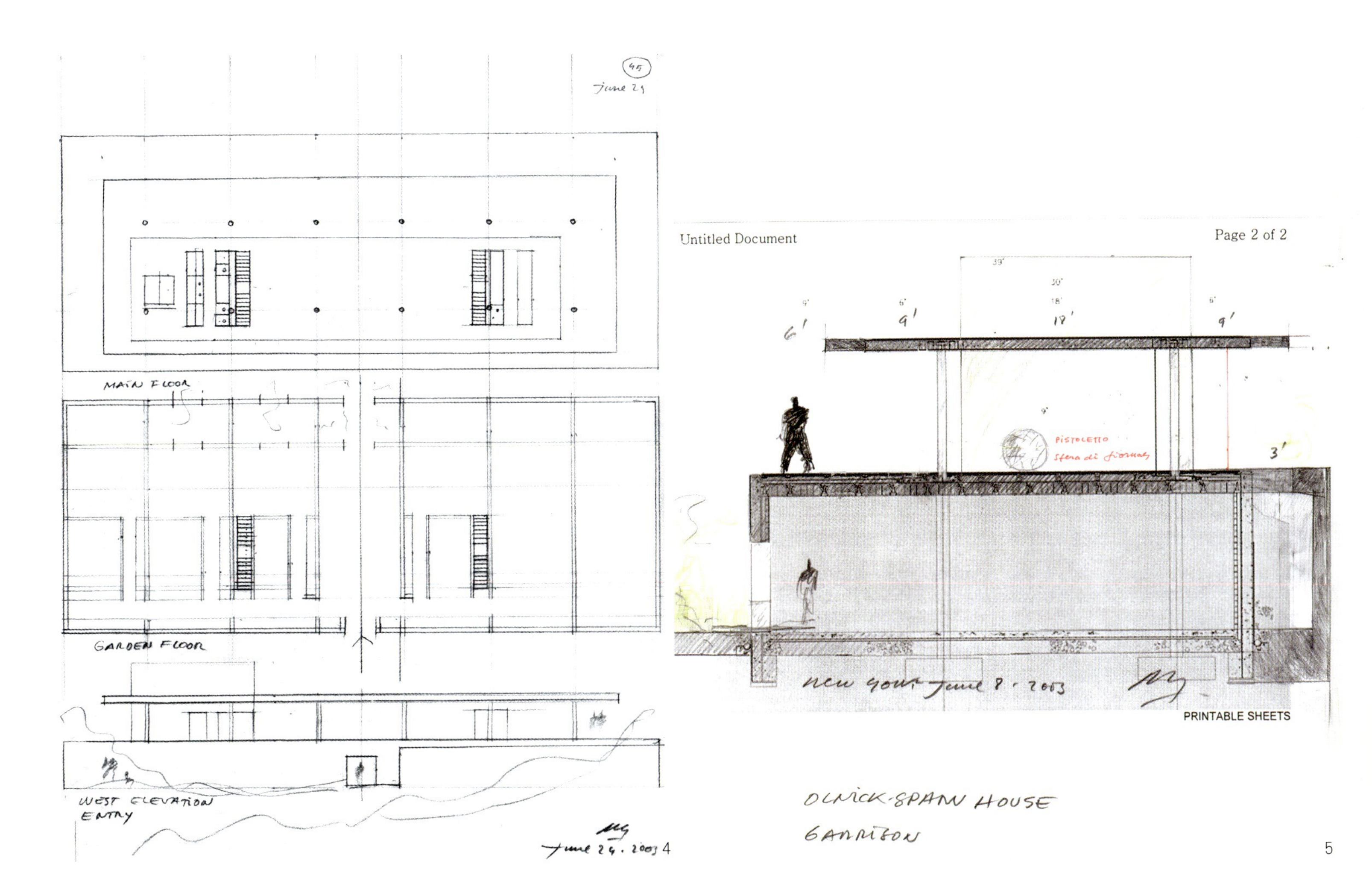

4

5

6

7

图伦格诺住宅

Turégano House

1.2.图伦格诺住宅平面图
3.图伦格诺住宅轴侧图
4.图伦格诺住宅剖面图(三层互动的空间)

建设地点：西班牙 马德里 (Madrid)
建设时间：1988年
建筑设计：阿尔伯特·坎波·巴埃萨
(Alberto Campo Baeza)

这栋住宅是业主召集他的建筑师朋友进行设计竞赛的结果。

建筑用地在中间位置有一个陡坡，而建筑则与这个地形紧密地结合起来。在这个10m高10m宽10m长的白色方盒子中，最大限度地使用了许多经济节能的设计手法。

白色的立方体被划分成两部分：北半部分的服务区和南半部分的被服务区。在北半区中，盥洗室、厕所和楼梯构成了一条中央服务带。卧室和厨房朝北。位于南边被服务区的起居室和餐厅空间2层通高，最高处是书房区。书房空间可以俯视餐厅，餐厅又可以看见侧下方的起居室，于是在3层空间之间形成了对话和互动。建筑立面上的镀釉玻璃窗和整体的白色调使得整个建筑更加方整厚实。

而住宅的中心要素——光则在窗户和墙面的条孔处聚集，从东到南再到西不停地运动，演绎着空间的主题。换句话说，这正是斜向的空间被斜向的光线所穿透。

*图片由阿尔伯特·坎波·巴埃萨建筑事务所提供

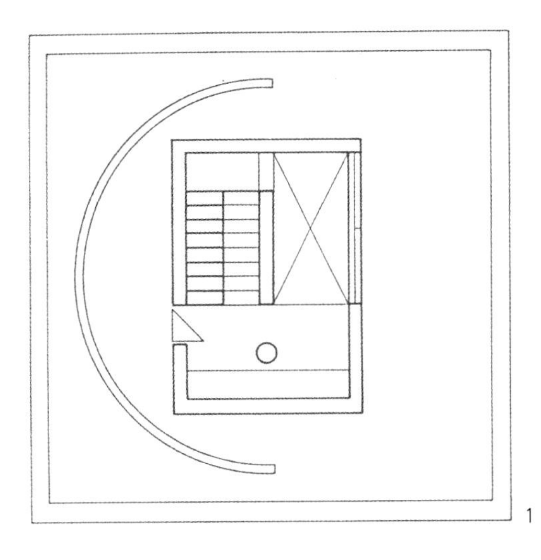

1

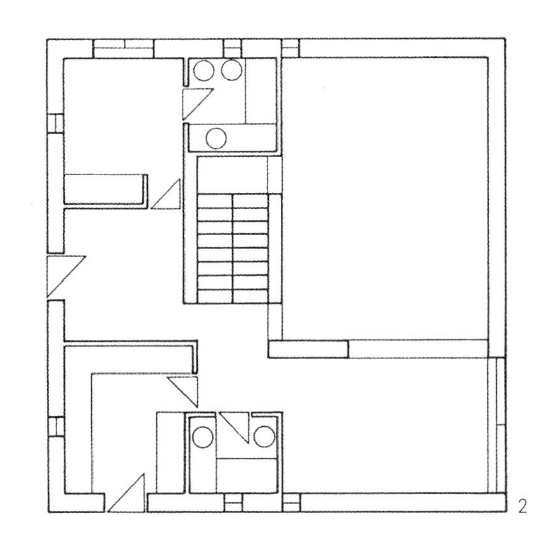

2

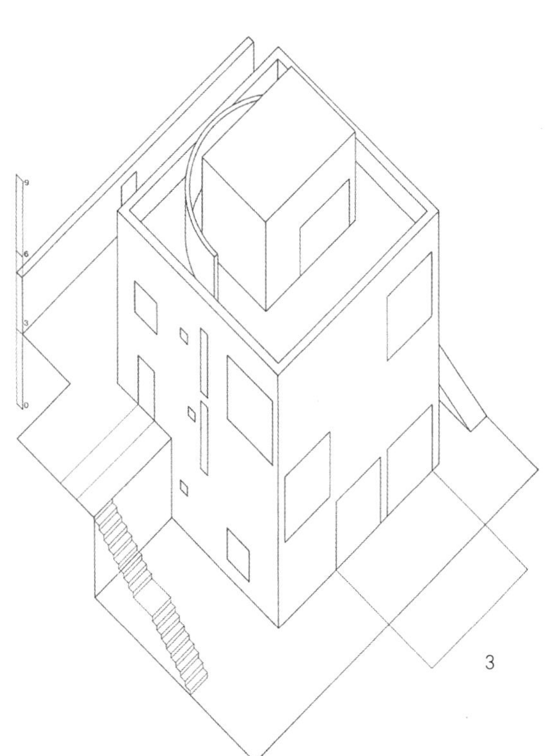

3

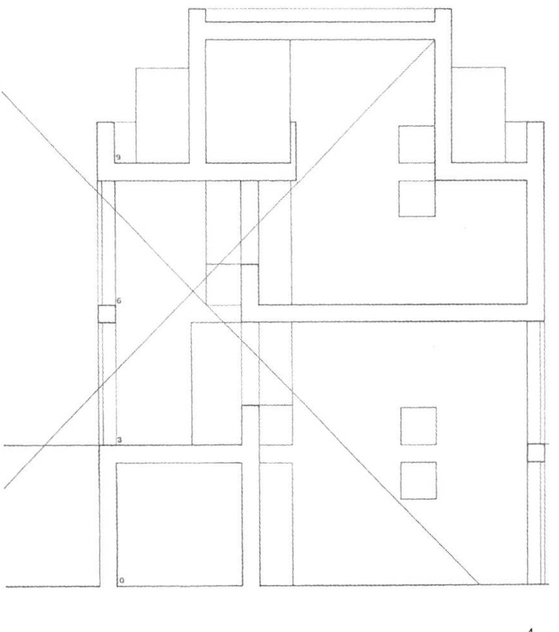

4

5.图伦格诺住宅建筑外观(请注意下部的平台)
6.图伦格诺住宅室内的光影

栏目名称：社会住宅

建设部住房保障司亮相

2007年12月25日，住房保障与公积金监督管理司（简称住房保障司）正式挂牌，它奠定了2008年房地产行业发展的基调，为“民生地产”从概念走向实践，提供了组织基础和政策方向，同时它标志着中国“民生地产”迈出关键的一步，进入实际的“落实”阶段。

住房保障与公积金监督管理司的主要职责包括：贯彻国家关于推进城镇住房制度改革的方针、政策和措施并组织实施；指导城镇住房制度改革工作；拟定住房保障的政策法规并监督执行，指导经济适用住房制度和廉租住房制度建设。

公积金管理方面的工作也全部归由住房保障与公积金监督管理司负责。包括拟定住房公积金决策和管理机构的管理规则；拟定住房公积金的归集、管理、使用和监督制度，建立健全住房公积金监督网络，建立并管理住房公积金信息系统，负责对住房公积金和保障性资金管理和使用情况的监督管理；建立并管理住房公积金监督举报系统，受理投诉举报，查处住房公积金管理的重大违纪案件。

根据《国务院关于解决城市低收入家庭住房困难的若干意见》，保障性住房将成为未来房地产工作的重中之重。“十一五”末，廉租住房制度保障范围要扩大到低收入住房困难家庭，东部地区和其他有条件的地区，要在2008年底达到这项要求。与此同时，国家还将从资金来源上确保廉租住房建设。

保障住房，又称为“社会住宅”，它由国家出台相关政策，落实措施保障社会中低收入家庭的住房问题，实现“人人有房住”的理想。

《住区》从2006年开设“社会住宅”专栏，专栏主持人由德国斯图加特大学社会住宅研究专家库恩博士担当。2007年11月24日，《住区》联合清华大学建筑学院、中国城市规划学会居住区规划学术委员会联合主办了“社会住宅”的专题讨论，今后我们将陆续对“社会住宅”进行关注、探讨和研究。

政府与社会住宅发展导向

——以北欧为例

Social housing direction and the role of government in Nordic countries

董卫 *Dong Wei*

[摘要] 本文以北欧国家采取的政府机构政策的制定推动社会住宅建设的案例出发，强调了政府应该在社会住宅的发展中扮演更重要的角色。同时以瑞典斯德哥尔摩最具特色的社会住宅小区之一为例，阐述了住宅的一个未来趋势，即朝着环保、节能的方向发展。最后，作者提出了社会住宅的调查研究需要注意市场细分，并应体现出多元化，而非局限于固定模式的积极建议。

[关键词] 政府、社会住宅、北欧、生态环保

Abstract: *Starting from the cases in Nordic countries where the governments promote social housing construction by their policies, the paper emphasizes roles to be played by the government in social housing. Taking a housing community in Stockholm as an example, it depicts the future trends of housing towards environmental-friendly and energy-saving. The author suggests that, rather than using a monotonous mode, social housing shall pay more attention to subdivision of population and diversity.*

Keywords: *government, social housing, Nordic countries, ecological-awareness*

毋庸置疑，政府应该在社会住宅里面扮演更重要的角色，本文仅就北欧的一些做法作个介绍。正如众人所知，

北欧是一个以福利社会为特点的国家集团，现代概念中的北欧是由瑞典、挪威、丹麦、芬兰和冰岛5个国家组成的。传统上的北欧概念更大一些，包括英国、德国北部和荷兰等一些国家和地区。

战后以来，北欧国家所实行的福利政策也不是没有问题。在20世纪80年代，整个欧洲经济处于上升时期的时候，一些北欧的投资者，包括开发商、工业家，觉得高福利、高税收政策滞后了经济发展，所以跑到欧洲别的国家投资，对北欧的经济造成了一定的影响。人们从那个时候开始反思这种福利制度如何能够继续。社会住宅是北欧国家长期以来引以为豪的福利政策的一部分，其发展具有浓郁的政府导向的色彩。

以瑞典为例，我们可以看到，其GDP虽然不是世界上最高的，但是也达到了相当高的水准。如果考虑到低通胀率和低失业率等因素，瑞典比一些GDP更高国家的人均生活水准还要好一些，这从其教育制度、平均寿命水平就可以得到印证。

北欧的福利政策主要是从战后开始实施的，社会民主主义是福利国家的主导性思想。社会主义思想的形成和英国19世纪早期的发展有密切的关联性，以后这种思想逐渐被很多国家所接受。北欧在20世纪三四十年代这段时间，逐渐接受了这种思想。和法国、英国这些老牌资本主义国家比，北欧的发展相对比较滞后。但他们积极汲取像英国这样一些国家的社会理想和社会制度的长处，最后总结出一种社会民主主义的意识形态，形成了一种比较宏观的，以公共福利为主要特点的社会政治制度。

北欧国家对社会福利的政策，或者说民主思想的贯彻是非常普遍的，所以奉行一种普遍主义。即政府有责任保障全体国民生活水准持续地提高，特别是保障低收入阶层的生活水平有一个基本的标准。落实到住宅政策来讲，有这么几个原则：一个是普适性原则，也就是说社会住宅是为大多数公民而建造的；另外一个是国家主义，也就是说国家政府是社会住宅建造管理的主要提供者、组织者、管理者；还有公民有权利来获得这样的住宅，而不是国家出于慈善的目的才给你提供。人人享有居住权。这是这些国家制定社会住宅政策的时候一些基本的原则。

社会福利或者说社会住宅政策的具体落实有多种手段，一种就是发放住宅补贴，我们可以看到，不同的国家对于不同的家庭发放住宅补贴的强度是不一样的。从丹麦、芬兰、挪威和瑞典4个国家来看，瑞典的福利对于住房是最大的。我们还可以看到几个国家的共同特点，就是对单亲家庭及老人给予的福利或住房补贴是最高的，而对于已婚家庭是比较低的，即加强了对于弱势群体的照顾。另外从住房补贴所占整个GDP的比例我们也可以看到，这些国家这些年发展的状况是不均衡的，有涨有跌，但总的补贴水平仍然很高，占了国民收入的相当一部分。

这里我以挪威国家银行为例，具体解说一下如何通过政策的制定指导社会住宅的发展。在挪威，社会住宅主要的推动者和政策的执行者就是国家住宅银行，该银行成立于战后，其重要目标就是在短时间内推动社会住宅的建设，使全体国民较快地享受到良好的住宅生活状况。挪威的住房80%是战后建的，其中一半得到住宅银行的资助，但资助的方式并不一样。这源于在不同的时期，国家住宅银行制定的住房政策和标准是不一样的。如战后，由于战争的惨痛教训，出于对人防的考虑，住宅银行制定了一个政策——强制性地规定凡是获得贷款者，建房必须做地下室，慢慢地这种做法形成了一种传统。当其被普遍接受之后，该政策自然便被取消了，现在人们建造住宅已经习惯于做地下室。

到了80年代，国家住宅银行出台了另外一个政策，规定若要得到住宅银行的资助，所建住房面积不得高于120m^2，这就保证了最大部分公民的利益。我们知道可持续发展的概念是在挪威前首相的报告《我们共同的未来》中首次提出来的，所以北欧国家对节能、保护环境、节约资源的概念非常重视。现在新住宅要拿到国家住宅银行的资助，就必须要落实节能、环保，其不仅限于北欧，很多国家亦是如此。通过这些政策，实际上国家住宅银行就执行了政府对于住宅发展方向政策的推动作用，这是一个非常有利的措施。

国家住宅银行政策的落实也不是由银行一家执行的，必须要和不同层级的政府包括私人开发机构合作。中央政府的角色就是制定政策、法规，提供资金。住宅银行的资金来源是国库，收入也归国库，整个由国家操作，所以它有比较雄厚的经济来源。另外一个是地方政府，在落实国家社会住宅政策的时候，由地方政府选择项目、制定规划，来保障那些弱势群体，使他们获得合适的住房。

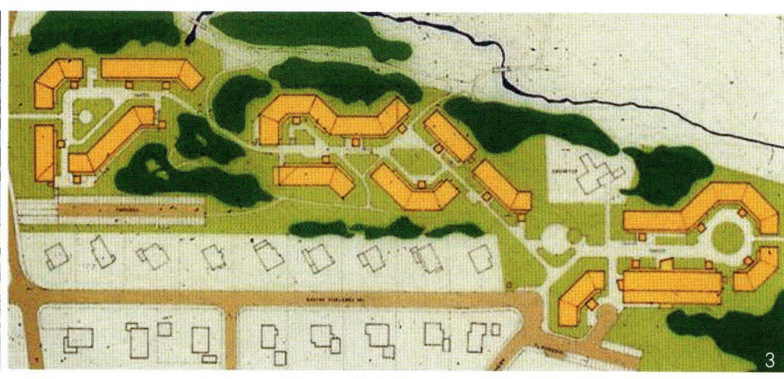

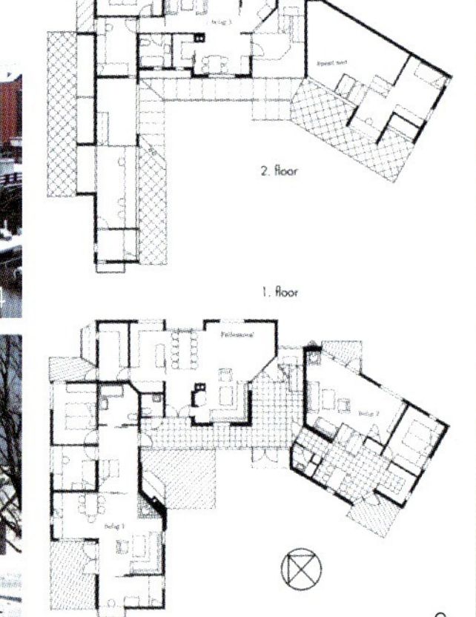

1～3.挪威奥斯陆社会住宅
4.挪威特隆赫姆社会住宅
5～6.挪威特隆赫姆集体住宅
7.小区鸟瞰
8.区位图

在挪威，所有的建设公司都是私人的，因此必须要同他们进行合作。所以住宅银行为他们提供贷款，帮助、引导他们建造社会住宅。为了保证住房的质量能够得到有效的控制，其中一个做法便是贷款事后发放。建设公司可以事先向私人银行贷款，住房建成验收合格后，国家住宅银行再付款。通过这样的手段，国家住宅银行就控制了整个国家住宅的金融业，控制了大部分市场，剩下的市场面向中高收入阶层，而他们用不着贷款，自己盖房子就可以了，这样就可以保证住房长期保持稳定的状况。这是我们看到的国家住宅银行扮演的角色，实际上就是一个金融机构，但却是一个专门执行国家住宅政策的金融机构。

这同有一些专家提出的包括REITS的形式是类似的，但是它有一个非常强有力的支持就是中央政府，因为它是国有的。通过这个政策，政府牢牢地控制着房地产市场，所以在一般情况下少有大起大落的状况。我们看到其住房市场的发展有些状况与我们国家很不一样。我们是处在一种需求市场，但是在这些国家是处于供给市场，供大与求，所以开发商在建住宅的时候都非常小心，造不好就卖不出去。这是我们学习、引进西方政策和做法的时候需要注意的一点。

总的来说，这种模式还是相当成功的，抑制了私人开发商的投机。有一些国家甚至规定可以投机，但当收入超过一定比例的时候，政府要回收其中的一大半。国家就是通过这种政策来引导、平抑住宅市场。这种涨幅和工资能够保持相对的平衡，从而保证实现国民经济的稳定。住宅银行对个人的信贷也有政策，其在不同的时间是不一样的。最近的购房贷款额是以14.5万克郎为限，市场上100m^{2}的住宅大概是50万克郎左右，所以贷款额约为房价的1/3。

社会住宅的形式各异，操作方式也多种多样，包括年轻人公寓、老人公寓、不同年龄混居的住宅(图1～6)。我们可以看到国外有种现象叫〝合作住宅〞，即民间集资或

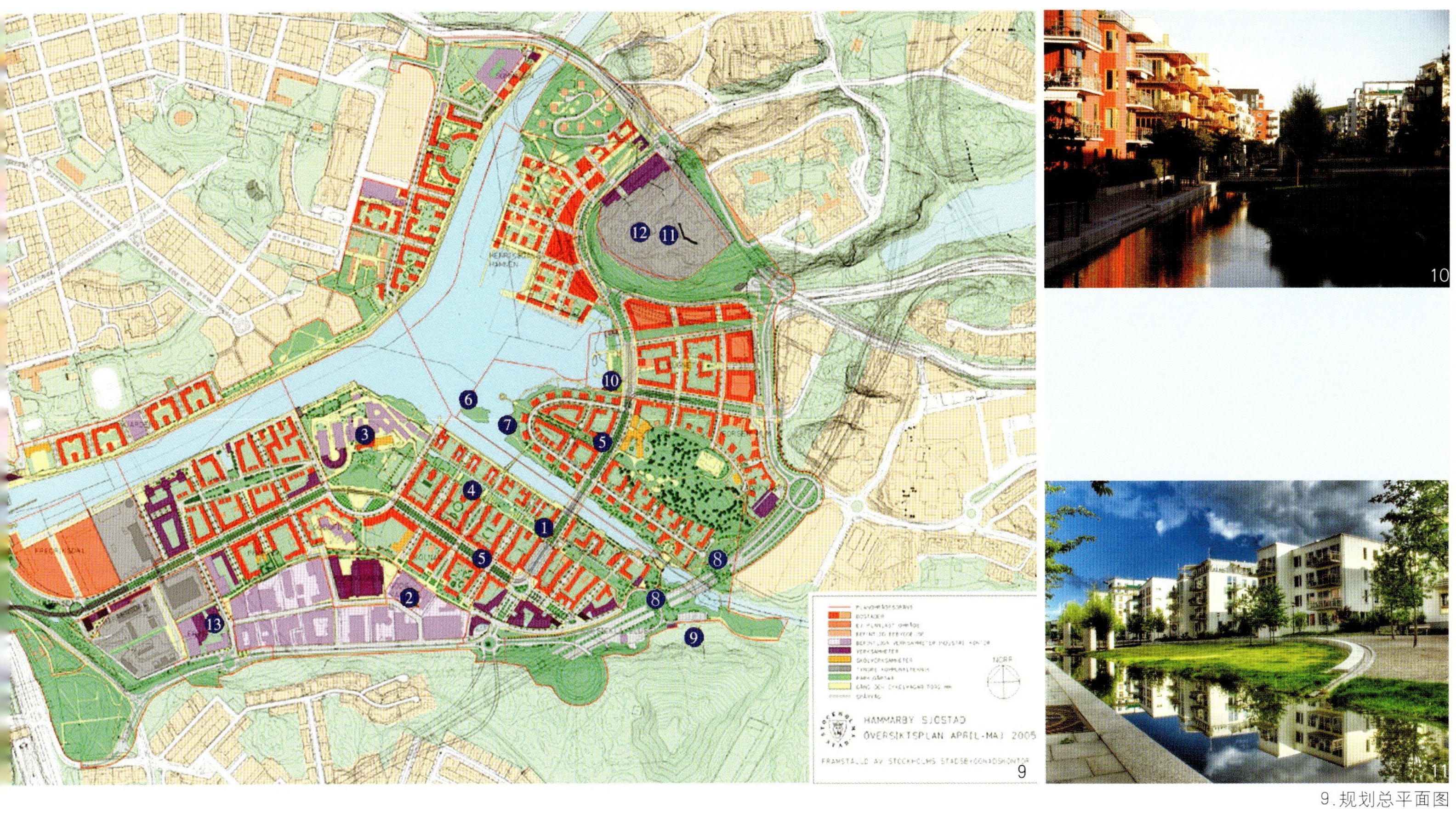

9. 规划总平面图
10～11. 小区一瞥

者到住宅银行获得贷款，自己请建筑师建房。比如，这个住房有三户人家，一个是地主，他拥有这块土地；一个是建筑师，他负责建筑设计和建造工作；他们共同招一个租户住进来。三户人家形成一个合作住宅，大家共用住宅中的公共部分，楼上是每家的独立房间和卫生间，连养狗都是轮流共管。这种生活方式在北欧、北美比较常见，是民间以自己的力量合作起来建造自用住宅的方式。

欧洲这种类型的机构非常多，欧盟下面便设有欧洲社会住宅联络委员会，它于1988年成立，欧盟19个成员国，有3万多成员，包括政府机构、私人开发商、私人建设公司都有，共为整个欧洲提供了2000多万套的社会住宅。这样的机构可以共同研究问题，共同制定政策，研究欧洲住宅未来发展的趋势。委员会认为社会住宅是实现欧盟社会价值观非常重要的要素，这是很多欧洲国家的共识。所以在欧洲不会像我们现在这样讨论住房是不是政府的责任，这是毋庸置疑的。丹麦也有自己的社会住宅组织，印度也在向欧洲学习，成立了自己的住宅银行，专门向中低收入的贫苦阶层提供社会住宅。我们所熟悉的建筑师柯里亚就做过这类的社会住宅，建筑师也有责任去研究这类问题。

接下来我以一个具体案例阐述一下新的住宅发展方向，即朝着环保、节能的方向发展。图7是在斯德哥尔摩正在开发的社会住宅，上面是主城区，有一坐桥，此处原来是污染比较严重的工业区(图8)。2000年其开始接受改造，有些工厂迁出去，有些工厂厂房再利用起来，建造了大量的社会住宅(图9)。就造型而言，我们看不出由国家主导的社会住宅和私人建造的高档公寓有太大的区别(图10～11)。实际上其主要通过政策来主导，有什么样的政策，就会有什么样的平面形式。我们都熟悉90年代初从香港引进的双十字筒体的住宅平面，这是在提高空间效率的政策引导下形成的平面形式。该平面一梯八户，可以服务最多住户，交通面积最少，使用率系数很高。但当有了可持续发展、节能、环保的概念之后，就发现这种平面的环

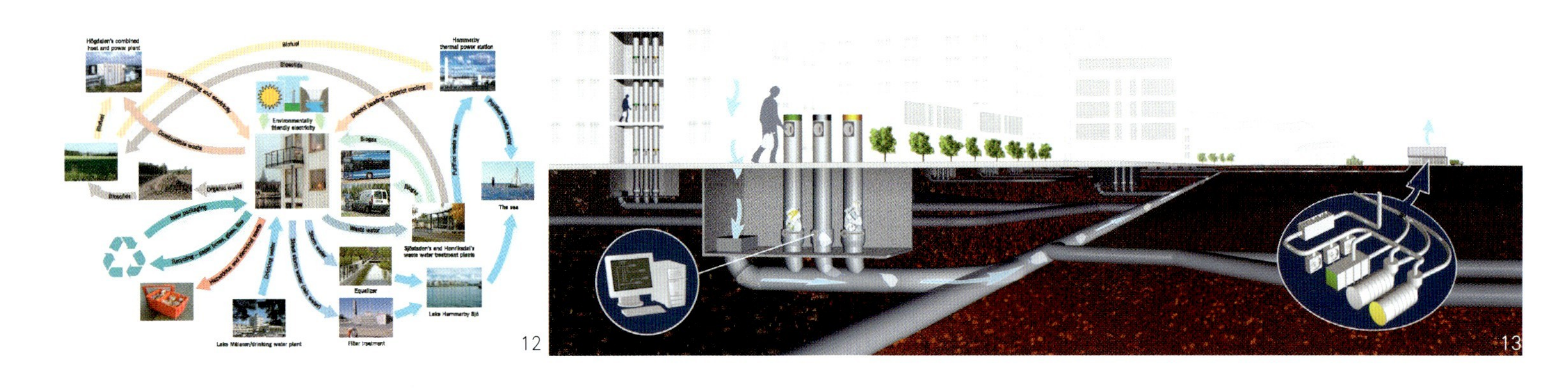

12. 生态流程图
13. 垃圾分类处理系统工作原理示意图
14. 垃圾分类收集
15. 垃圾分类收集的真空系统——地面收集器
16. 垃圾分类收集的真空系统——建筑底部的风动式管道
17. 用于Holmen街区的太阳能电池板
18. 雨水回收与再利用系统

境效率很低，所以现在不太用了，因为中间的筒，一天24小时都要开灯，自然通风比板式的要差，开空调的时间也比板式长。

因此有了政策和导向之后，社会住宅更注重环保的要素，这个住宅区就是在新的住宅政策的引导下所建造起来的新的社会住宅类型，其要素就是节能、环保，为居民提供更好的公共空间，可以说是体现了当前瑞典最高水准的社会福利小区的案例(图12)。小区内的垃圾收集器，可以利用真空管道将不同种类的垃圾吸进去，没有气味，非常干净(图13～16)。另外，其住房是东西朝向的，朝南都有太阳能电池板(图17)。

社会住宅从外表看同一般的住宅没有什么大的区别，但是面积控制在适中的范围，大的套型150m²左右，也有70～80m²，大部分都是100m²上下。小区里有若干污水处理点，污水都要经过相关设施加以处理(图18～20)。现在国外发达国家的趋势便是污水处理设施的小型化，其优点是污水处理好了可以再利用，如冲马桶、浇花等，只需要加一套管道，成本并不太大。此外，处理后的水还可作为小区景观水的一部分。如果单靠城市的几个污水厂，水的二次利用是不可能的。

所谓社会住宅就是为了实现一定社会目标的住宅。而这种特殊的社会目标是根据国家的发展政策在一定时期有所变化、调整的。当全民都达到了一个比较高的生活水准的时候，其要解决的主要矛盾不是居住面积的问题，而是生活质量和节能环保的问题。以上提及的国家都加入了国际相关协定，每年要减少二氧化碳的排放量。社会住宅很重要的使命就是展示这个技术——我国亦可以做到既提高国民的生活水准，也履行对于国际社会的承诺。

当然，社会住宅政策的要害是把国家福利直接提供给最需要的人，所以现在一些专家也在讨论，到底是提供一套住房，还是一份住房补贴，令他们在市场上获得住房。两种方法各有利弊，在不同的国家这些政策都在执行，最穷的人可能想得到住房补贴，这种帮助对提高生活水平最直接，而有一些人则希望获得低租金的住房，这是我们研究政策的时候需要考虑的分类，即市场细分的问题。最后，社会住宅的表现形式十分多元化，并不存在固定的布局方式和空间形式，这为规划师和建筑师提供了大有可为的创作空间。

作者单位：东南大学建筑学院

19.兼带过滤处理的雨水蓄水池
20.仅用于建筑和花园雨水的排放渠

19

20

德国可持续发展项目的未来进程

The future path of sustainable projects in Germany

皮特·塞勒 *Peter Sailer*
翻译：李文海

[摘要] 目前德国大部分房屋都是在30年以前修建的，而且德国人口在减少，并面临老龄化。在这个背景下，未来可持续发展的焦点必须是对现有建筑的更新或调整，而不是兴建新的城市街区。另外，将可持续发展仅视作保护环境和节约能源，其实是很片面的。可持续发展包括经济、社会和生态三方面问题。因此，对于目前大量的现有住宅来说，我们不应该只追求提高建筑的生态性能，同样重要的是尊重住户，结合节约资源、保护环境的生活方式，创造可持续发展型社会，更深入的社会网络和稳定繁荣的经济。

[关键词] 可持续发展、环境保护、生态

Abstract: *A major portion of the housing stock in Germany were built before 1930s, at the same time, the population is decreasing and aging. Upon this background, a focus of sustainable architecture is the renovation of existing buildings, instead of constructing new urban neighborhood. Furthermore, it will be shorted-sighted if we think that sustainable development only means environmental protection and energy saving. To the bulk of existing housing buildings, ecological performance is only one side of a multi-faceted question. We shall at the same time provide the possibility of a new lifestyle on energy-saving and environmental protection, thus to foster a sustainable society and its stable social network and prosperous economic growth.*

Keywords: *sustainable development, environmental protection, ecology*

德国是欧洲人口最多、人口密度最大的国家，因此德国环境和规划政策的核心是用可持续发展的模式进行城市农村的开发[1]。项目规模不同，资金的来源也不一样。一方面，政府及行政部门提供公共基金，保障在大范围区域内产生广泛影响的多个项目能同时进行；另一方面，也有个人资助的单个项目，仅在其周边地区产生相对有限的影响。本文重点介绍一个近年来在德国的主要城市的发展项目，以其回顾在政府部门的指导原则下，可持续发展项目在德国是如何实现的。

一、可持续发展项目的核心问题

城市发展转向重视环境方向，一方面来自于能源消耗越来越昂贵，另一方面来自于德国政府对更有效地保护环境的认知度深化。在对环境问题的反思中，欧盟建立的法规也起到了相应的作用[2]。德国可持续发展策略中的主要核心问题之一就是缩减大规模的土地消耗，其中主要是对可耕种土地的消耗。

因此，在文章的开始必须阐明在众多的可持续发展或绿色发展策略中首先要执行的就是减少可耕种土地的消耗。目前，德国平均每天有110hm^{2}的未开发用地(大部分是农业用地)被转化为居住或交通等用地。德国政府的目标是在2020年把土地消耗缩减到平均每天30m^2。[3]所节省的土地消耗来自于对废弃土地(例如受污染的土地储备)的改造以及提高现有用地的密度。

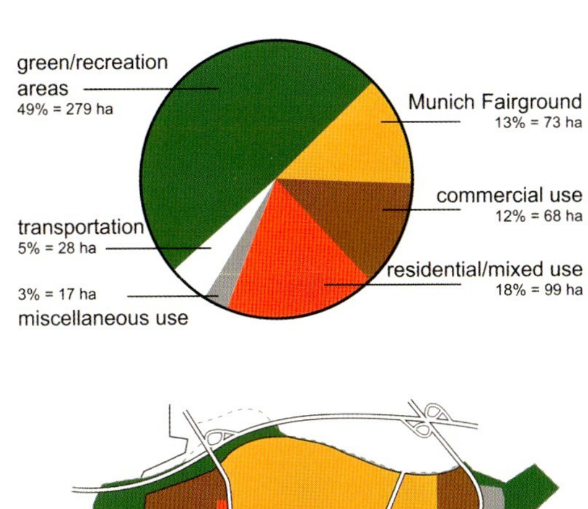

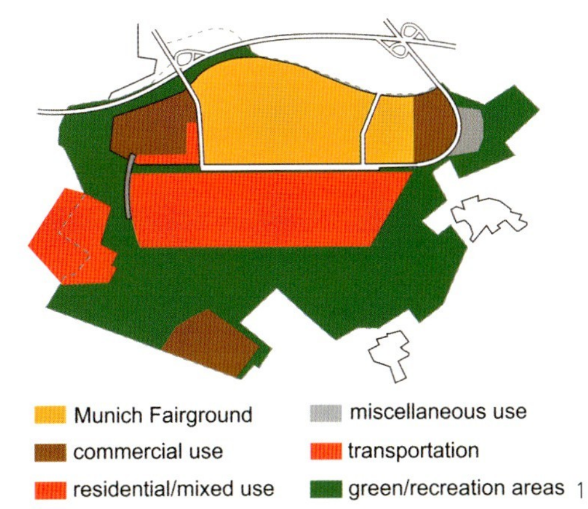

1.Messestadt Riem—land use (Landeshauptstadt München, Messestadt Riem—Ökologische Bausteine (Teil I Stadtplanung), 8/2000, p. 7, own editing)
2.Messestadt Riem—green accessibility (Landeshauptstadt München, Messestadt Riem—Ökologische Bausteine (Teil I Stadtplanung), 8/2000, p. 12, own editing)

下面将介绍的这个最新的可持续的城市发展项目，是位于慕尼黑的Messestadt Riem。选择这个项目的原因在于它涵盖了多方面的元素，包括绿色住宅、减少用水消耗、节能建筑构造等。不仅如此，在Messestadt Riem项目中，对原有机场这个非常封闭的区域的改造是整个项目的中心[4]。与其同时期的汉诺威Kronsberg项目，也是在规划中整合了所有相关可持续发展项目的方面，包括社会、经济和生态的问题，由于《住区》2006年的“绿色住区”栏目中做过介绍，这里就不再赘述了。

二、Messestadt Riem[5]发展项目

Messestadt Riem项目位于从前的Munich–Riem机场，在慕尼黑东郊，距离城市中心只有7km，整个项目占地6km^2，是德国最突出以及知名度最高的城市发展项目之一。为了满足生态、经济和社会的需求，提高绿地比重，该项目城市设计的主要目标是开拓适合居住和工作的绿色场所。工程完工后，将创造13800个就业机会以及6100个住宅单元，共有16000人将生活在这个区域[6]。

慕尼黑市政府在该项目中依据“21世纪议程”，努力保证一个平衡和注重生态的城市开发。这样的目标铸就了新的规划实践，其策略可以用紧凑、都市化和绿色来归纳。其中可持续发展是一个重要的目标，在规划以及整个项目的实践中得到了充分的尊重。

Messestadt Riem项目的核心内容为[7](图1)：

(1)绿色走廊，共400m宽从东到西贯穿整个项目；

(2)绿化用地占整个用地的1/3；

(3)东部体现自然生态的树林；

(4)对旧机场的利用采取清理原遗留废物改造土地的概念；

(5)Messestadt Riem区结合供热和能源生产，以及热电联供的概念；

(6)慕尼黑露天博览会区分散供热和制冷设备单元，热电联供设施，在空调系统中利用废弃热能的能源利用概念；

(7)Messestadt Riem区废弃物管理，包括废物收集以及回收中心；

(8)慕尼黑露天博览会区废弃物管理，包括废弃材料回收设施以及对废品处理的私人条约。

为了提供更好的自然通风，Messestadt Riem项目设计了一条110～145m宽的南北走向中心绿轴和30～65m宽的居住绿色走廊。此外，绿地范围内种植大量的可提供树荫的树木，起到控制风向的作用，并在绿地1/3的范围内种植灌木。建筑物向绿色走廊开口，单体建筑均朝南开口，内部道路至少种植一排行道树，改善日照和风的影响。同时在平屋顶种植屋顶绿化(图2)。

3.Messestadt Riem–urban structure (first stage of construction) (Landeshauptstadt München, Messestadt Riem–Ökologische Bausteine (Teil I Stadtplanung), 8/2000, p. 8, own editing)

为了实现节省用地的目标，项目中建立了面积指标体系，这种体系通常只有在城市中心的项目才会应用。景观系统分级设置，低一级的居住绿色走廊和更低一级的小区居住绿地（包括公共，半公共和私人绿地）共同支撑南北走向的中央绿轴上的自然草地，由此形成居民的休闲活动场所，并达成对环境的保护。

通过采取适当的措施，本项目减少1/3的饮用水消耗量，而不降低生活质量，但是带来维护和投入的成本增加。在土地使用规划中，确立了相应的规范（图3）。根据住宅的规模和是否有足够的条件用做雨水的初步净化，收集雨水用来做园林绿化用水、洗衣、冲厕所等。总之，地面雨水必须使用后才进入雨污水系统[8]。

Messestadt Riem项目在交通上具备从私家汽车模式过渡到无汽车或公共交通模式的潜质。整个地区由2号地铁的两个地铁站、一条公共汽车线路和城市公共交通系统相联系，并且配备良好的人行和自行车体系。随着城市的发展，这个特色在未来能得到更好的发扬。

车行交通通过东西和南北走向的两个主轴和城市快速交通体系连接。为了减少居住区的交通量，在东西轴线上布置了多个综合停车场。同样，在南部的居住区内也设置了集中停车场。Messestadt Riem项目大力提倡摒弃私人汽车的生活模式，停车场内的车位并不分配给每个住宅单元。这样不带车位的住宅在价格上比带车位的住宅便宜很多。由于观念上的转变和对私人汽车的控制，减少了由交通带来的污染物排放。小区内30km/s的限速和道路绿化有效控制噪声和尾气排放。所有这些措施保证"无汽车化生活"[9]的口号在本项目里得到充分的实现[10]。

为了减少能源消耗，尤其是石油能源的消耗，Messestadt Riem项目一期的建造立足于建立低能源消耗建筑施工和低能源消耗住宅的基础，在后续阶段中规划完全采用可持续能源，例如沼气、热能和太阳能。具体措施如下：

（1）建筑布置和朝向上朝南退台；

（2）主要窗户和玻璃门廊朝南；

（3）足够的日照间距；

（4）户型中白天经常使用的房间朝南布置，包括厨房、洗手间和客厅；

（5）可移动的遮阳百叶[11]；

（6）隔热和通风上重点考虑在薄弱点的隔热，避免冷桥，以及有组织通风；

（7）节能措施上采用高效设备，冬季花园不采暖，也不使用电散热器[12]。

在垃圾处理上，市政府提倡分离处理不同的生活垃圾，包括玻璃、金属、塑料、大型垃圾、有机垃圾和残余物垃圾。在靠近住户的地方放置三种不同的垃圾容器，分别收集纸张、有机垃圾和残余物垃圾。垃圾收集后被送到集中垃圾处理场。

Messestadt Riem项目考虑的重点之一是自由绿色空间的设计。开放空间和建筑物紧密结合，产生积极的影响，改善小区域气候，降低能源和资源的消耗。整个项目开发必须遵循市政府的指导性规范，尽管如此，规划师仍然有足够的空间来发展他们的设计概念。规范框架包括以下基本标准：

（1）每200m^2室外开放空间，或每5个地面车位必须种植一棵大型或中型的树（树干周长18～25cm）

（2）人行道和公共广场必须设置可渗透雨水的铺装；

（3）地面雨水必须收集利用；

（4）铺地上在树干周围至少留9m^2的露天土地；

（5）路边种植树木的绿化带至少3m宽[13]。

项目中创造了分等级的开放空间体系，依次为私人绿化空间、半公共庭院、公共绿色走廊和位于南端的公园。同时，每个住宅街区的人行道和绿化走廊都互相联系，并且纳入了无障碍设施，让Messestadt Riem的所有居民都能便捷地到达南端的公园。

小区内树木和灌木的布置有利于充分改善小气候，疏导风向，让新鲜空气进入小区。在屋顶绿化难以实现的地方，采用垂直绿化，同样能对建筑的物理性能产生积极的作用，在夏季可以降低室内温度，在冬季可以减少室内热量的流失。

通过对Messestadt Riem建成后的评估，可以看到较高的建筑密度和园林公园的设计为居住和休闲活动提供了高质量的空间。这些是通过高建筑和住宅的高密度，最小化的覆盖率（小部分的混合用地）和园林公园获得的，公园的设计同样对城市产生积极的影响。进一步来说，良好的公共交通可到达性是该项目的另一个重要优点。目前，每一个住户都受益于公共交通，到项目整体完工时，大概90%的住户将使用公共交通，这将是一个很高的比例。

尽管在Messestadt Riem项目的规划和建设过程中，充分考虑了可持续发展的重要性，并完全遵循地方政府所设立的指导方针，实现了其规划理念，但是实际上，城市和城市居民只有按照可持续发展的观念生活，才能建立真正意义上的可持续发展模式。针对这一点，市政府在各个方面设立了准则，倡导居民可持续发展的生活模式[14]。在Messestadt Riem项目中推广的新的生活模式不仅要求对社区公共生活的积极参与，同时也要注意生态和环保。

三、结论

本文中介绍的这个项目在一些方面可以概述德国城市中可持续发展的策略。目前德国大部分房屋都是在30年以前修建的，而且德国人口在减少，并面临老龄化，在这个背景下，未来可持续发展的焦点必须是对现有建筑的更新或调整，而不是兴建新的城市街区。另外，说可持续发展就是保护环境和节约能源，其实是很片面的。可持续发展包括经济、社会和生态三方面问题，因此，对于目前大量的现有住宅来说，我们不应该只追求提高建筑的生态性能，同样重要的是尊重住户，结合节约资源、保护环境的生活方式，创造可持续发展型社会，更深入的社会网络和稳定繁荣的经济。

参考文献

[1] City of Munich, Department of Urban Planning, Assessment of Messestadt Riem Sustainable urban development in Munich, 4/2005

[2] Kronsberg Environmental Liason Agency, City of Hanover, Hannover Kronsberg: model of a sustainable new urban community, 1998

[3] Landeshauptstadt Hannover (publ.), Hannover Kronsberg Handbook Planning and Realisation, 2004

[4] Landeshauptstadt München, Messestadt Riem kologische Bausteine (Teil I Stadtplanung), 8/2000

[5] Landeshauptstadt München, Messestadt Riem kologische Bausteine (Teil II Geb ude und Freiraum), 7/2003

[6] Landeshauptstadt München, Messestadt Riem kologische Bausteine (Teil III Leben in Riem? Aber natürlich!), 1/2001

[7] Rat für nachhaltige Entwicklung, Erfolgsfaktoren zur Reduzierung des Fl chenverbrauchs in Deutschland; Nr. 19, 1/2007

注释

1. As there is no central planning authority for urban and rural development on a nationwide level, each German state is responsible for the land use planning within its territory. The Federal government only establishes guidelines which state the principles of land use planning in Germany.

2. The Aalborg Charter[http://ec.europa.eu/environment/urban/pdf/aalborg_charter.pdf(2007~07~05)] can be seen as one of the landmarks of European environmental policy with effects on national environmental legislation [http://europa.eu/scadplus/leg/de/lvb/l28075.htm (2007~07~02)]. The latest initiative of the European Union on sustainable development can be seen in the Leipzig Charter on sustainable European cities. On pages 4 and 6., the reduction on CO_2-emissions is mentioned as a main target for future urban development.

3. Rat für nachhaltige Entwicklung, Erfolgsfaktoren zur Reduzierung des Fl chenverbrauchs in Deutschland; Nr. 19, 01/2007, S. 9.

4. All of Munich-Riem Airport's construction waste was sorted and reused as much as possible. The parts not being able for further usage are 'sealed' in landfills nearby. (http://www.messestadt-riem.com/msr/d_newsdesk/id_history.htm (2007-07-12)).

5. For further information please consult:

6. Landeshauptstadt München, Messestadt Riem -Ökologische Bausteine (Teil I Stadtplanung)

7. Landeshauptstadt München, Messestadt Riem-Ökologische Bausteine (Teil II Gebäude und Freiraum)

8. City of Munich, Department of Urban Planning, Assessment of Messestadt Riem-Sustainable urban development in Munich

9. Landeshauptstadt München, Messestadt Riem-Ökologische Bausteine (Teil I Stadtplanung), p.4.

10. Landeshauptstadt München, Messestadt Riem-Ökologische Bausteine (Teil I Stadtplanung), p.6.

11. Landeshauptstadt München, Messestadt Riem-Ökologische Bausteine (Teil I Stadtplanung), p.19.

12. For further information please consult www.wohnen-ohne-auto.de (2007-07-10).

13. Landeshauptstadt München, Messestadt Riem-Ökologische Bausteine (Teil I Stadtplanung), p.23.

14. The following serves as an large scale example: Having major parts of its departure halls covered with glass, the new Munich airport dealt with the problem of heating-up not by installing air-conditions but by three layers of computer-driven lamellae to either distort the sunlight or allow it entering to some degree. By the installation of this system, the vast amounts of energy to cool the building could be saved. The advantage of a moving sun-shade system is that during diffuse light it allows to lighten the inside as much as possible as a maximum of light can pass through. A non-flexible system will darken the inside unnecessarily.

作者单位：柏林工业大学

2007年《住区》总目录

《住区》1/2007 中国创新'90中小户型住宅设计竞赛　总第23期

特别策划

关于中小户型设计的专家访谈　《住区》
日本小户型的设计借鉴　《住区》
——访清华大学建筑学院教授周燕珉
节约型社区与"乐活"群体　《住区》
——访中国建筑设计研究院副总建筑师陈一峰
设计竞赛与市场需求　《住区》
——访金地集团技术管理部总经理宋涛
创新思维与高品质住宅　《住区》
——对"中国创新'90中小户型住宅设计竞赛"方案评选的思考

地产随笔

房地产欲望　韦业宁

主题报道

不破不立
——记"中国创新'90中小户型住宅设计竞赛"
80m²青年住宅的可能性
——WA－万科·可能住宅设计竞赛(2006)
Drape wall 模数化功能性墙体　slvDesign
——一个新型房屋结构的实验(兼竞赛)及制作过程

住区调研

中青年客户群居住需求研究　周燕珉　杨　洁
北京旧城低收入回迁户的居住问题研究　彭剑波

住区访谈

伊安·摩尔访谈　张闻鹤

海外视野

百年设计　劳伦斯·司派克
——美国PSP(Page Southerland Page)设计公司作品选

绿色住区

绿色建筑、和谐家园　胡建新　林武生
——深圳泰格公寓生态技术介绍

香港房屋署专栏

研发与应用　卫翠芷
——香港房屋委员会的研发工作

社会住宅

社会福利城市发展实例　库恩博士
——德国图宾根的法占区

地产视野

认识误区有几许　楚先锋

《住区》2/2007 产业建筑的保护与再利用　总第24期

特别策划

深圳OCT-LOFT 华侨城创意文化园
先锋想像：打造国际一流创意园区　《住区》
"原创力—中国创意园区发展的路径选择"学术座谈会实录
深圳OCT-LOFT 华侨城创意文化园规划设计　都市实践
普适与创意　《住区》
——深圳OCT-LOFT 华侨城创意文化园首期入驻机构

主题报道

城市工业废弃地更新的整体策略　刘抚英
德国当代工业遗产再利用一瞥　张　宁　孙菁芬
德国后工业景观改造的研究与实践体会　王晓阳
产业地段的创意再造，多元价值的综合平衡　王建国　蒋　楠　王　彦
——以常州市国棉一厂改造概念规划为例

建筑实例

德国汉堡"Fabrik"工厂改建　张　宁　孙菁芬
德国汉堡"Zeisehalle"媒体中心　袁　珏
德国杜伊斯堡内港改造项目　孙菁芬　张　宁
德国杜伊斯堡北部景观公园项目　董莉莉
澳大利亚悉尼渥石湾码头区改造　赵　婧　王建国
澳大利亚墨尔本港区改造和产业建筑再利用　杨　宇　王建国
历史的激发与磨灭　高　莹
——一个记忆场而非一个旧厂房

住区调研

瑞典健康住宅的社会决策　早川润一

住宅研究

"历史地段"　王红军
——美国城市建筑遗产保护的一种整体性方法

海外视野

通过建造学习建筑　范肃宁
——Studio 804 的建筑实践

《住区》3/2007 铜与建筑　总第25期

特别策划

中国新住区论坛
小户型研究与日韩住宅比较　周燕珉
建筑师能做什么？！　梁鸿文
——一种先进的建筑工程技法介绍
深圳房价问题研究　李念中
互动设计　孟建民
通用设计：香港公营房屋的"新住区"　卫翠芷
以绿色思维创新绿色住区设计　叶　青
用心的平实　庄惟敏
——清华校园学者居住空间设计研究

主题报道

中国铜建筑的发展历史与现状　朱炳仁
铜与建筑　范肃宁
铜在建筑中的应用及其发展前景　国际铜业协会(中国)

建筑实例

英国威斯特菲尔德学生公寓
英国佩斯音乐厅
英国兰喀斯特大学信息实验室
英国马吉豪癌症休养中心
英国皇家地质学会研究中心
英国螺旋咖啡屋
英国蝴蝶住宅
英国卡尔迪卡特表演艺术中心

海外视野

3XN 与丹麦的现代建筑　范肃宁

社会住宅

建筑改造的多种可能性　克劳斯·开普林格
——结合当前的城市现状，谈老建筑的新魅力

地产视野

外廊之外　楚先锋

住宅研究

浅谈房价过快上涨与住房制度改革　黄利东
"历史地段"　王红军
——美国城市建筑遗产保护的一种整体性方法

《住区》4/2007 中国工业化住宅　总第26期

特别策划

深港两地住宅十年路

主题报道

中国住宅产业化路在何方? 楚先锋
住宅工业化成功的关键因素 李 恒 郭红领 黄 霆等
PCa住宅工业化在欧洲的发展 范 悦
适合于长久居住和高舒适度的部品化体系 松村秀一
日本KSI住宅 楚先锋
论预制混凝土墙板技术在当前的发展 曹 麒
万科PC技术实验路 李 杰
——上海新里程PC项目探索
像制造汽车一样造房子 胡博闻
——武汉万科城市花园标准化项目探索
工业化住宅：高质量的量产住宅 《住区》
——访万科建筑技术总监伏见文明先生

本土设计

十二年的梦想与实现 赵小钧
——构建创新型组织，实现建筑师梦想
将建筑设计的弦理在生活的每个角落 《住区》
——中建国际(深圳)设计顾问有限公司高级建筑师朱翌友访谈
成都中海格林威治 中建国际(深圳)设计顾问有限公司
东莞中惠加州园 中建国际(深圳)设计顾问有限公司
东莞金地·格林小城 中建国际(深圳)设计顾问有限公司
深圳招商城市主场 中建国际(深圳)设计顾问有限公司
深圳华润中心二期 中建国际(深圳)设计顾问有限公司

地产视野

继续走创新、精细、人文的高端精品之路 《住区》
——中海地产集团有限公司规划设计中心总经理范逸汀访谈
中海大山地 中海地产集团有限公司

社会住宅

第二次城市化浪潮 盖尔德·库恩博士
——对德国城市住宅复兴的思考

住宅研究

建筑物加层改造的方法 寇 蕾
转型时期居住社区混合居住探讨 李 刚

《住区》5/2007 社会住宅探讨　总第27期

主题报道

对中国住房制度改革与住房保障制度的认识 任兴洲
政府住房保障的对象与方式 林家彬
关注住房保障中的市场规律 赵文凯
住房政策的技术标准及其研究方法 高晓路
城市更新中的低收入群体住房保障问题探讨 焦怡雪
我国廉租房建筑设计研究 周燕珉 王富青
近现代城市发展脉络与中国住宅的现实选择 张 杰 张 昊
人人有房住 《住区》
——成都公共住房保障体系全接触
天津中低收入家庭住房保障政策实施探讨 王 纬
谈经济适用房规划中的人文关怀 胡志良 白惠艳 高相铎
——以天津瑞景居住区瑞秀小区为例
提升中低收入人群居住品质问题的探索 刘艳莉 李 扬
——以青岛浮山新区为例
关于西安市廉租房建设分配问题的几点思考 王 韬 李卓民
国务院关于解决城市低收入家庭住房困难的若干意见

地产视野

服务型社区 绿城房地产集团有限公司
——绿城·蓝庭园区服务体系介绍
绿城·蓝庭 绿城房地产集团有限公司
上海·绿城玫瑰园 绿城房地产集团有限公司
绿城·上海绿城 绿城房地产集团有限公司
绿城·桃花源 绿城房地产集团有限公司
绿城·深蓝广场 绿城房地产集团有限公司

居住百象

功能性之美 楚先锋

香港房屋署专栏

社区参与的绿化建筑 卫翠芷

住宅研究

从居住街区到时尚街道的嬗变 邹晓霞
——日本东京表参道面面观
从“自然村”到“城中村” 郭立源 饶小军
——深圳城市化过程的村落结构形态演变
居民视野中的历史街区保护与改造 彭剑波
——以襄樊市陈老巷历史街区为例

《住区》6/2007 住区环境设计　总第28期

会议报道

2007年度《住区》编委会
2007社会住宅论坛

主题报道

作为公共家园的住区环境建设 方晓风
居住环境 提尔·雷瓦德
——每一天的生活空间
小议景观建筑学中生态规划的发展 吴翠平
住宅环境的水体设计 彭应运
从东湖公园设计与运行简述滨水景观设计 胡晓冬
挖掘人文内涵，打造宜居景观 梁 爽 王 雪
南海中轴线水广场 中海兴业(成都)发展有限公司
——千灯湖，萦绕山水灵气的城市新客厅

特别策划

都灵2006奥运村规划与设计 本雷多·卡米拉纳

本土设计

九年成城，百年承脉 《住区》
——城脉建筑设计(深圳)有限公司总裁毛晓冰访谈
深圳新世界豪园(硅谷别墅+城市山谷) 城脉建筑设计(深圳)有限公司
无锡印象剑桥 城脉建筑设计(深圳)有限公司
深圳春华四季园 城脉建筑设计(深圳)有限公司
京基大梅沙喜来登酒店 城脉建筑设计(深圳)有限公司
深圳星河·丹堤 城脉建筑设计(深圳)有限公司
星河世纪广场 城脉建筑设计(深圳)有限公司

传统民居宅

开平碉楼 张国雄 樊炎冰
—中国近代农民的梦想与创造

住区调研宅

城市居住空间结构实证研究 张 昊 梁 庄
——以济南商埠、南京河西地区为例

资讯

2007全国设计伦理教育论坛在杭州举办
杭州宣言
——关于设计伦理反思的倡议